用這張圖，探索你未來要走

一個人的
獲利模式
BUSINESS
MODEL YOU

A One-Page Method for Reinventing Your Career

作　者——提姆·克拉克 Tim Clark、亞歷山大·奧斯瓦爾德 Alexander Osterwalder & 伊夫·比紐赫 Yves Pigneur

設　計——亞倫·史密斯 Alan Smith & 翠西·帕帕達科斯 Trish Papadakos

編　輯——梅根·雷禧 Megan Lacey

協力製作——派翠克·范德皮爾 Patrick van der Piji

創作協力——43 國 328 位職涯專家

編　譯——曹先進等

WILEY

John Wiley & Sons, Inc.

讓天賦
與工作對齊

《Cheers快樂工作人》雜誌社長
劉鳳珍

這是資訊最充足的年代，卻也是年輕人比以前更困惑的年代。

七、八年級生問，為什麼要找到理想的工作這麼困難？

他們的四、五年級父母也不解，為什麼下一代把工作當體驗，公司一家一家換，追求快樂更甚於專業成長、經濟安穩。

我常有機會到企業向中高階主管分析跨世代管理議題，針對前面這兩個問題，我給這些同時也身兼父母角色的高階主管的建議是，答案其實就在「自己身上」。

回想八年級生的成長歷程，他們在政治威權解體、貿易自由化、教改過程中或之後陸續誕生，不管是家庭或學校教育的氛圍，都比以前更開放、包容。從小在父母與老師的鼓勵下，他們被灌輸的是：「相信自己」、「勇於實踐」、「勇敢追夢」。但這些態度在進入職場後，看在大人眼裡，卻往往成了負面標籤：「過度自信」、「感覺良好」、「不切實際」或「好高騖遠」。大人們希望教出跟自己不一樣的下一代，可是最後在管理角色上，還是輸給自己的舊主張。

在包容環境、經濟條件無虞下長大的新一代，對工作的困惑感之所以比上一代更強烈，則源自「意義感」的追尋。他們不用為了溫飽而跟工作、上司妥協，他們更在乎的是，做什麼事可以跟興趣結合，讓自己更快樂？這份工作可以帶給我什麼意義？我為什麼要為公司奮戰？我存在的目的又是為了什麼？

當工作的目的從物質報酬轉向心靈層次，生涯也成了一場體驗之旅。有人因此更加認識自己，但有更多人揮舞著意義感的旗幟，卻一路迷茫地跌跌撞撞，揮霍了青春紅利，卻還是找不到才華實力。

在出版業多年，接觸過不少探討生涯的書籍，今年初得知《一個人的獲利模式》（*Business Model You*）中文版即將問世，內心是充滿期待的。原因有兩點。

首先，這本書所採用的方法是近幾年在商管界非常受歡迎的 Canvas，也就是書中所介紹的「商業模式圖」，利用九宮格的思考，為產品建立清楚的策略地圖。這套方法論我自己也有機會運用在工作上，收穫頗大。聽到商業模式圖也可以運用在個人生涯定位上，我當下的反應是，這一定可以幫助許多人認識自己、發現優勢，而且適用對象不只是初次求職的年輕人。如果你正計畫轉職、創業或開拓第二人生，這張「個人的商業模式圖」也同樣能帶給你啟發。

其次，本書的譯者曹先進（Arthur）不同於一般專職譯者，他有非常豐富的管理經驗，在台積電、中華汽車、台哥大等企業擔任過高階主管，而且是少見橫跨行銷與人力資源兩個領域的專業經理人。目前除了在香港大學授課外，他也在兩岸三地為許多企業授課或指導年輕人。為了讓這本書更貼近台灣讀者，書中一些案例都是他親自接觸過的年輕人。

接到書稿後，我第一時間很快就看完了。這應該是近年來，我看過最有系統的一本書，可以引導讀者按圖索驥一步一步找出自己方向，進而讓自己的天賦跟工作對齊，讓追求意義感不再是抽象的代名詞。我也很高興，Arthur 未來將與《*Cheers*》合作，將這套系統以工作坊的形式，協助年輕人透過實作練習的引導，發現自己的優勢。

最後，希望每位閱讀過這本書的人，都能夠發現自我、勇敢追夢，不再是大人眼中惶惶不安的一代。

找到個性、興趣
與能力交會的
「甜蜜點」

曹先進

科技正在改變你我的工作方式與組織關係，有些舊職業漸漸被淘汰，有些新職業不斷冒出，更多職業雖然沒消失，但工作內容也不斷變化。

如果我們不能體會當前職場的結構性變遷，就難以妥善因應。華頓商學院近年的研究指出，現在的大學畢業生在專業生涯中將從事11-14個工作，以每人平均工作40-45年來說，這表示每二到四年就會換一次工作，包括自願性及非自願性轉換。那麼，到底是誰，以及要在什麼時候，為下一個職位做好準備呢？答案當然是「每個人」「隨時」都要做好準備。

職場結構變遷既造成威脅，又帶來機會。今天，每一位求職者都要體認產業與職業不斷變化的事實。本書譯者群雖然各自擁有不同的專業背景，但都非常認同本書的理念與價值觀，希望能結合我們對於在地社會文化的理解及實務經驗，創造出一套適合讀者的思維方式與工具，讓想改變卻苦無頭緒的人可以有明確的起步方法。我們特別感謝林妍希及俞雲眉兩位識人育才專家，豐富了這本書的內容；也要感謝徐偉倫多次給予寶貴建議，以及參與內容驗證的李孟璇與林信丞兩位年輕夥伴的回饋。

我們相信台灣年輕人最需要的，是面對就業、轉職、創業的自知與自信；而台灣企業最需要的，則是設法讓人才在自己最擅長的領域發揮最大的價值。我們期待這本書的思考架構，能夠協助讀者有系統地評估自己的職業生涯選擇，找到自己個性、興趣與能力交會的甜蜜點，一步步解除困惑、建立自信，得到成就與滿足。同時，我也希望書中許多經典的職涯理論與案例，能夠幫助大家悠遊於理論與實務中，自行融會運用。

一個人的獲利模式

BUSINESS MODEL YOU

328名工作生活的高手攜手合作……

閱讀本書的過程中，你會發現文中常提及「論壇成員」，
他們是本書的早期讀者，為本書的出版貢獻了心力：
檢閱各章節初稿、提供案例及洞見，並在整個製作過程中提供協助與支援。
前一個跨頁即是他們的照片，名字則羅列於下：

Adie Shariff	Ben White	Christian Schneider	Doug Newdick	Fred Coon	Jan Schmiedgen
Afroz Ali	Bernd Nurnberger	Christine Thompson	Dr. Jerry A. Smith	Fred Jautzus	Jason Mahoney
AJ Shah	Bernie Maloney	Cindy Cooper	Dustin Lee Watson	Freek Talsma	Javier Guevara
Alan Scott	Bertil Schaart	Claas Peter Fischer	Ed Voorhaar	Frenetta A. Tate	Jean Gasen
Alan Smith	Björn Kijl	Claire Fallon	Edgardo Vazquez	Frits Oukes	Jeffrey Krames
Alejandro Lembo	Blanca Vergara	Claudio D' Ipolitto	Eduardo Pedreño	Gabriel Shalom	Jelle Bartels
Alessandro De Sanctis	Bob Fariss	Császár Csaba	Edwin Kruis	Gary Percy	Jenny L. Berger
Alexander Osterwalder	Brenda Eichelberger	Daniel E. Huber	Eileen Bonner	Geert van Vlijmen	Jeroen Bosman
Alfredo Osorio Asenjo	Brian Ruder	Daniel Pandza	Elie Besso	Gene Browne	Joeri de Vos
Ali Heathfield	Brigitte Roujol	Daniel Sonderegger	Elizabeth Topp	Ginger Grant, PhD	Joeri Lefévre
Allan Moura Lima	Bruce Hazen	Danijel Brener	Eltje Huisman	Giorgio Casoni	Johan Ploeg
Allen Miner	Bruce MacVarish	Danilo Tic	Emmanuel A. Simon	Giorgio Pauletto	Johann Gevers
Amber Lewis	Brunno Pinto Guedes Cruz	Darcy Walters-Robles	Eric Anthony Spieth	Giselle Della Mea	Johannes Frühmann
Andi Roberts	Bryan Aulick	Dave Crowther	Eric Theunis	Greg Krauska	John Bardos
Andre Malzoni dos Santos Dias	Bryan Lubic	Dave Wille	Erik A. Leonavicius	Greg Loudoun	John van Beek
Andrew E. Nixon	Camilla van den Boom	David Devasahayam Edwin	Erik Kiaer	Hank Byington	John Wark
Andrew Warner	Carl B. Skompinski	David Hubbard	Erik Silden	Hans Schriever	John L. Warren
Anne McCrossan	Carl D' Agostino	David Sluis	Ernest Buise	Hansrudolf Suter	John Ziniades
Annemarie Ehren	Carles Esquerre Victori	Deborah Burkholder	Ernst Houdkamp	Heiner Kaufmann	Jonas Ørts Holm
Annette Mason	Carlos Jose Perez Ferrer	Deborah Mills-Scofield	Eugen Rodel	Hind	Jonathan L. York
Ant Clay	Caroline Cleland	Denise Taylor	Evert Jan van Hasselt	IJsbrand Kaper	Joost de Wit
Anthony Caldwell	Cassiano Farani	Diane Mermigas	Fernando Saenz-Marrero	Iñigo Irizar	Joost Fluitsma
Anthony Moore	Catharine MacIntosh	Dinesh Neelay	Filipe Schuur	Ioanna Matsouli	Jordi Collell
Anton de Gier	Cesar Picos	Diogo Carmo	Floris Kimman	Ivo Frielink	Juerg H. Hilgarth-Weber
Anton de Wet	Charles W. Clark	Donald McMichael	Floris Venneman	Iwan Müller	Justin Coetsee
Antonio Lucena de Faria	Cheenu Srinivasan	Dora Luz González Bañales	Fran Moga	Jacco Hiemstra	Justin Junier
Beau Braund	Cheryl Rochford	Doug Gilbert	Francisco Barragan	James C. Wylie	Kadena Tate
Ben Carey	Christian Labezin	Doug Morwood	Frank Penkala	James Fyles	Kai Kollen

……來自43個國家

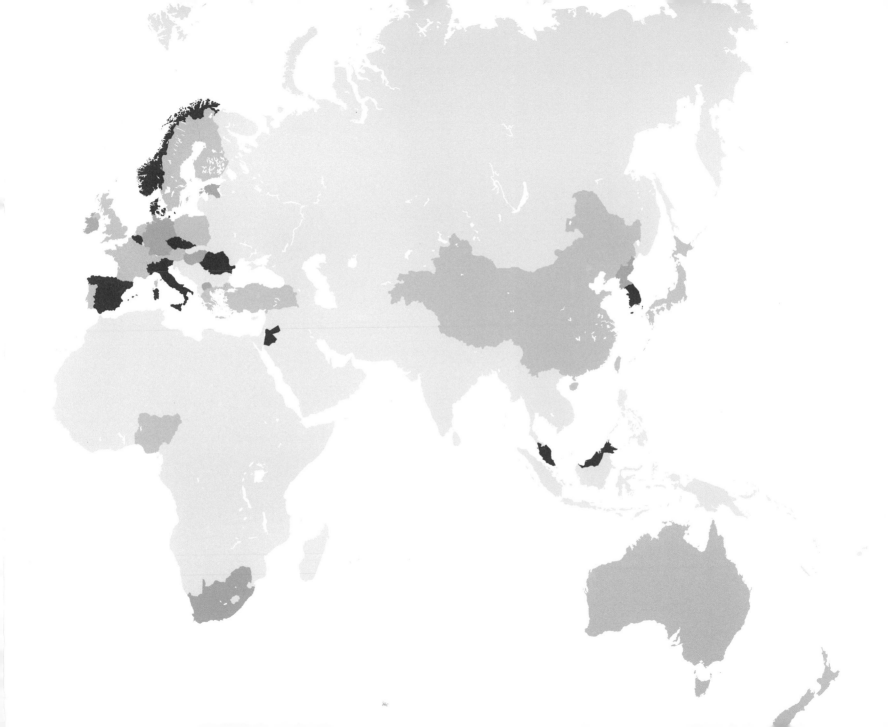

真正的再創造者：

1 商業模式圖

學習如何運用工具，
描述並分析個人及組織的商業模式。

2 反思

重新審視你的人生方向，
並好好思考如何讓你的人生目標
和職涯抱負能夠更協調一致。

3 修正

運用個人商業模式圖
及前面幾章得出的資料,
調整或重建你的工作生涯。

4 行動

試著讓一切發生。

5 附錄

本書背後的人物
以及更多相關的資源。

商業模式圖

學習如何運用工具，
描述並分析個人及組織的商業模式。

第 1 章
用商業模式思考：
環境在變，你也要跟著變

Business Model Thinking:
Adapting to a Changing World

商業模式思維
為什麼
是幫你適應世界
變動的
最好方法

讓我們來個大膽猜測：
你正在看這本書，因為……
你有點想轉換職涯跑道了。

不是只有你這樣想。根據2010年萬寶華（Manpower Group）就業展望調查，每六個成年人裡頭，就有五個人正在考慮換工作。此外，本書來自43個國家的會員們也紛紛回應，這是個全球性的現象。

我們必須承認，談到職涯轉換，大部分的人都缺乏有系統的思考方式。面對這個複雜而混亂的議題，我們需要一個簡單有力的方法，既可以跟得上時代，又能夠吻合我們的個人需求。

歡迎來到「個人的獲利模式」：這是一個能幫你描繪、分析及重建成功職涯的好架構。

毋庸置疑的，你很可能早就聽過「獲利模式」（business model，下稱「商業模式」）這四個字，不過，那到底是什麼啊？

在最根本的經濟層次上，商業模式就是**能讓一個組織獲得財務支撐以持續運作的邏輯***。

如同字面解釋，這個詞彙原本是用在一般企業。不過，在我們的設定裡，希望你能先將自己視為「一人公司」，然後我們會提供你一個方法，幫你定義並修正「個人的商業模式」。換句話說，就是充分運用你的長處和天賦，讓你在無論是個人或是職業生涯上都有所成長。

變動的時代，變動的商業模式

當前就業市場的騷動不安，大都是由非個人所能掌控的因素所驅動，包括經濟衰退、人口結構改變、日漸加劇的全球競爭以及環境議題等等。

絕大部分的企業也無力掌控這些改變。然而，這些改變確實影響了公司所使用的商業模式，因為他們無法改變所處的環境，為了維持競爭力，就必須改變、甚至創造出新的商業模式。

結果就是，這些新的商業模式帶來了破壞也引發改變，導致某些人失業，但同時也為某些人創造出新的機會。

讓我們來舉些例子說明。

還記得百視達（Blockbuster Video）吧？這家公司在網飛（Netflix）和紅盒（Redbox）出現之後宣告破產了，因為後面這兩間公司透過網路、自動租片機、電子郵件，改變了電影和電玩的配送模式，比實體店面提供更好的服務。

一個新商業模式的出現，也可能影響其他的產業。

例如，超過二千萬的Netflix用戶可以不分日夜的在電腦或遊戲機上收看電視節目，而且沒有任何廣告干擾（感謝網路）！試想這對傳統電視產業的意義，他們賣廣告時段給業主以獲取收益的商業模式早已行之有年：1)廣告會在特定日子、特定時段被穿插在節目中，放送給大量的觀眾；2)收看電視的觀眾無法跳過廣告。

網際網路也改變了其他產業的商業模式，例如音樂、廣告、零售業和出版業（比如說沒有網路，就不會有這本書）。

另外一個例子，是高階獵頭公司。傳統上，獵頭公司主要靠著全職、技巧嫻熟的員工每週打數百通的電話、飛越不同的國家跟潛在候選人吃飯；但如今招募行業與以往大為不同了——更多情形是，那些在家刷網頁的兼職工作者取代了全職員工。

創新的商業模式
正在改變全世界的職場，
無論是營利或非營利組織
都同樣受到影響。
企業為了要存活下來，
必須持續評估
並改變他們的商業模式。

人，也必須改變

雖然人跟公司不同，但兩者卻有個重大的共通點：就像大部分公司一樣，你也被許多自己無法掌控的環境、經濟因素所影響。

在這種情況下，你要如何維持成功和成就感呢？首先，你必須判斷出對自己有效的運作方式，然後再因應環境的變動而不斷調整自己的方式。

從這本書中，你將會學到如何清楚描繪並思考自己的商業模式，好讓你能夠達到上述的目的。

能夠**理解並描繪出個人系統的商業模式**，將有助於你了解，在這個動盪的經濟環境下，要如何才能獲致成功。不可諱言的，那些在意企業整體成功（並且知道如何達成）的人是最有價值的員工，也最有可能得到較好的職位。

一旦你知道如何將商業模式運用到職場，並且找到你在這個模式中的定位，你就能夠**使用同樣有力的思考方式去定義、強化及發展你的職業生涯**。從第3章開始，你會學著去定義你個人的商業模式，跟隨著職涯往前邁進，你將能運用這個策略來調整自己，更加適應這個變動的環境。

＊參見亞歷山大・奧斯瓦爾德與伊夫・比紐赫合著的《獲利世代：自己動手，畫出你的商業模式》（Alexander Osterwalder & Yves Pigneur, *Business Model Generation* [Hoboken, NJ: Jonn Wiley & Sons, 2010] 中文版：早安財經文化）。

閱讀《一個人的獲利模式》
會帶給你一個顯著的優勢，
因為大部分的上班族
只會定義、記錄組織的實務案例，
很少人會正式地去定義或記錄組織的商業模式。
至於能將商業模式思維套用在個人生涯上的，
那更是屈指可數了。

第 2 章
商業模式圖

The Business Model Canvas

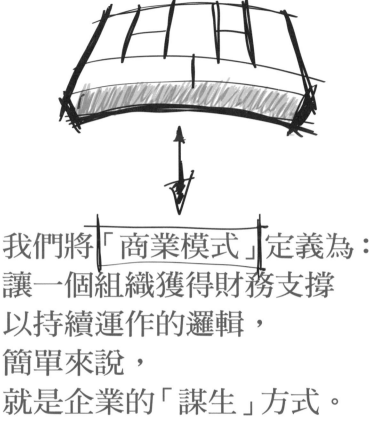

我們將「商業模式」定義為：
讓一個組織獲得財務支撐
以持續運作的邏輯，
簡單來說，
就是企業的「謀生」方式。

我們可以將商業模式視為描述企業如何營運的藍圖。就像建築師在建造房子前，必須準備好工程藍圖一樣，創業者也必須設計一套商業模式，做為企業創建的指導方針。同樣的，經理人也必須能夠描繪出商業模式，以利將組織現有的經營方式具象化。

想要理解現行的商業模式，首先必須提出兩個問題：

1. 你的顧客是誰？

2. 你的顧客原本需要做哪些工作？

為了闡述這個概念，讓我們來看看下面三個例子。

第一個例子是捷飛絡（Jiffy Lube），這是北美最大的機油更換公司，提供快速換油服務。現在的人很少會親自更換引擎機油，因為大部分的人不但缺乏相關知識與工具，也想省麻煩，不想把自己搞得一團髒亂（更別提後續還有繁瑣的廢油回收處理了）。只要花個25或30美元，捷飛絡便會提供專業級的換機油服務。

第二個例子是「社群網站產生器」線上平台 Ning，這家公司讓顧客能簡單且相對便宜地製作並管理客製化的社群網站。很少有公司（或個人）有足夠的資本或技術，去架設、經營及管理一個如同臉書（Facebook）一樣功能齊全的社群網絡，而 Ning 提供了一個簡易又負擔得起的替代方案：能夠多層次編輯修正的一個社群網絡模板。

最後是微時達（Vesta），這家虛擬支付服務商每天要代替數十萬名客戶完成電子交易。要處理如此大量的交易非常複雜，且必須具有最先進的保全和反詐騙措施——這兩個系統都很難在一般公司內自行發展和維護。

那麼，這三家公司有什麼共同之處？
它們都因幫助顧客完成工作而獲得報酬：

- 捷飛絡替車主完成了重要的維修工作，也保持了他們車庫和衣服的整潔。
- Ning 的客戶是那些需要推出及宣傳某個理念的人，Ning 幫他們打造了一個社群，成本低廉且不需要雇用技術專家。
- 微時達協助企業專注在本身專業，毋須在收受款項這種與本業無關的事情上多費時間和精神。

聽起來很簡單，對吧？

但是，不同於這三個案例，在某些產業裡要界定「顧客」與「工作」這兩者，卻是極具挑戰性的事，例如教育、健康照護、政府、金融、科技和法律等。

學習「商業模式思維」的重要目的之一，就是幫你辨識、描述「客戶」和「工作」。更精確來說，你會從中學到如何協助客戶去完成他們必須做的工作，並找出能賺更多錢及獲取更多成就感的方法。

每個組織都有商業模式

既然商業模式是指一個組織獲得財務支撐以持續運作的邏輯，那是否表示只有營利事業才需要商業模式？

並非如此。

每個事業都有它的商業模式。
這是因為幾乎每個現代組織，無論是營利事業、非營利事業或政府機關，都需要錢才能執行任務。

比方說，假設你現在正為「紐約路跑協會」（NYRR）工作。這是個推廣社區健康概念的非營利組織，專辦路跑、路跑相關課程、講座、賽前訓練及夏令營等活動。然而，即使它是非營利單位，還是必須：

- 支付員工薪水
- 購買道路使用許可，支付水電、法務、維修和其他費用
- 購買活動所需要的設備，例如計時系統、背號、飲料，以及完賽紀念 T 恤和獎牌
- 設立準備金以供未來擴展服務之用

即便這個協會的主要動機和目標並不是賺錢，而是服務那些想要保持健康體態的社區「客戶」，依然需要資金來執行任務。

因此，就像許多其他企業一樣，紐約路跑也必須因為幫客戶完成工作而獲得報酬。

讓我們來套用兩個問題，看看它的商業模式是什麼。

顧客是誰？

紐約路跑協會的主要客戶是跑者，以及其他想要保持健康和藉此找到同好夥伴的人。

他們的會員分成兩種，一種是年度會員——付費加入團體，並獲得某些優惠；另一種是非年度會員——只付費參加某些特定的活動和路跑。

顧客原本需要做哪些工作？

協會主要是在紐約地區舉辦路跑相關的活動，因此，該協會是一個顧客付錢購買服務的非營利單位。

那麼，對於提供免費服務給客戶的那些組織呢？他們也同樣需要一套商業模式嗎？

答案：是的。

試想有個非營利組織，我們姑且稱之為「孤兒看護」，這是一個為孤兒提供住所、食物和教育的慈善機構。如同紐約路跑協會，「孤兒看護」也需要資金來執行及推動它的工作，例如：

- 購買食物、衣服、書籍和各種必需品
- 支付員工薪水
- 租用宿舍、學校設施，以及支付水電、維修、法務和其他費用
- 設立準備金以供未來擴展服務之用

讓我們再回到商業模式的那兩個問題，在「孤兒看護」這個案例中，答案稍有不同。

顧客是誰？

「孤兒看護」的客戶有兩種：1) 孩子們，他們是實質上的受惠者；2) 捐贈者，以及出錢購買孩子們手工藝製品的支持者，這些人讓「孤兒看護」得以完成它的工作。

顧客原本需要做哪些工作？

「孤兒看護」有兩種不同的工作：1) 照顧孤兒；2) 提供更多通路，讓大型慈善機構及個人捐贈者都能實現他們的善意和愛心，透過各種不同的「支付」方式金援「孤兒看護」，例如禮物、獎學金、捐款、購買產品等等。

這裡有一個關鍵點：對任何組織來說，提供免費服務給某一顧客群，勢必會有另一組顧客出錢補貼那些未付費的顧客。

我們可以看到，就跟任何營利事業一樣，商業模式的兩個命題同樣也適用於非營利的「孤兒看護」。

殘酷的現實

那麼，萬一「孤兒看護」不再收到捐贈和補助，會發生什麼事？

這個組織將會無法完成它的使命。即便「孤兒看護」全體員工都同意在不支薪的狀況下繼續工作，這個「志業」也將會因為無法支付其他必要開銷而被迫關閉。

在現代經濟中，幾乎所有企業（包括政府在內）都面臨了一個殘酷的現實：當資金燒完，遊戲也結束了。

不同的企業有不同的目的和願景，但所有企業都必須服膺「獲得財務支撐以持續運作」的邏輯。因此為了生存茁壯，必須具備一個可行的商業模式。

至於如何定義「可行」呢？答案很簡單：資金流入必須大於（或至少等於）支出。

你已經知道了商業模式的基本原則——
顧客和資金如何支撐企業的存續。
然而，商業模式不僅僅牽涉到顧客和資金而已。
商業模式圖這種用來描述商業模式
九大要素相互關係的有效工具，
將能透過圖解的方式，
讓你理解組織運作的機制。

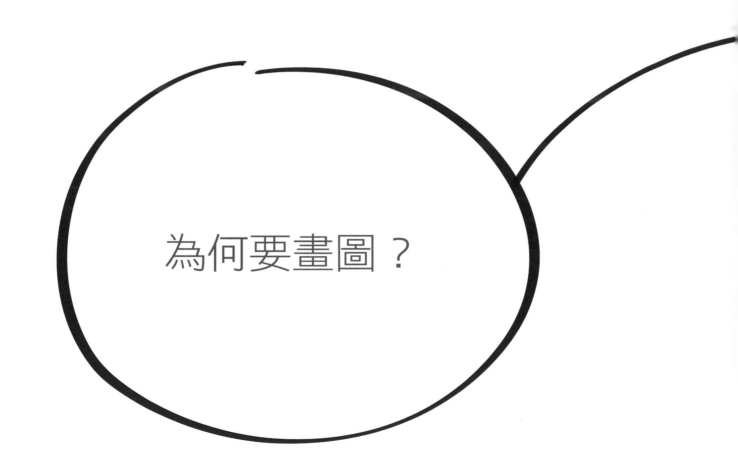

要理解組織如何運作，從來都不是容易的事。複雜龐大的組織本身就有非常多抽象的元素，若不具體描繪、視覺化，難以掌握全貌。

圖像式有助於把隱晦的假設轉換成明確的資訊，而明確的資訊能幫我們更有效地思考和溝通。

商業模式圖以視覺化的速寫表達方式，簡化複雜的組織。

九個構成要素　組織如何提供價值給顧客

目標客層
*Customers**

組織為一個或多個
目標客層服務⋯⋯

價值主張
*Value Provided**

⋯⋯解決顧客的問
題，或滿足顧客的
需求。

通路
Channels

組織溝通並傳遞價
值主張的途徑⋯⋯

顧客關係
*Customer
Relationships*

⋯⋯與每個目標客
層建立並維繫不同
的顧客關係。

收益流
*Revenue**

顧客付錢購買價值
主張時，就會產生
收益。

關鍵資源
Key Resources

要建立或傳遞前述
的各項要素，所需
要的資產。

關鍵活動
Key Activities

要建立或傳遞前述
的各項要素，所需
要採取的實際任務
和行動。

關鍵合作夥伴
Key Partners

有些活動會外包，
而有些資源會從組
織外部取得。

成本結構
*Costs**

在取得關鍵資源、
執行關鍵活動，以
及與關鍵夥伴合作
時所產生的費用。

＊ 此處所使用的英文名詞，和《獲利世代》稍有不同，但中文維持相同的用語，以利讀者對照。

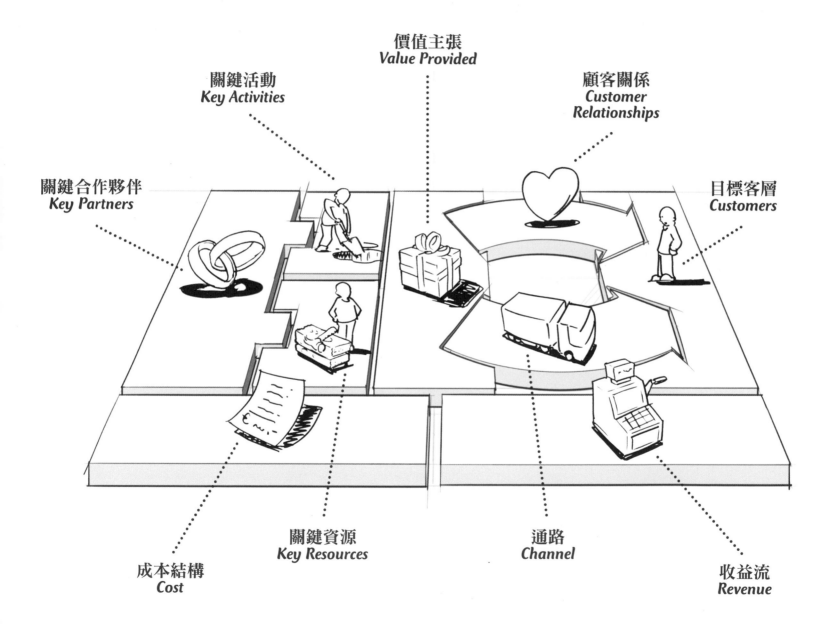

價值主張
Value Provided

關鍵活動
Key Activities

顧客關係
Customer Relationships

關鍵合作夥伴
Key Partners

目標客層
Customers

成本結構
Cost

關鍵資源
Key Resources

通路
Channel

收益流
Revenue

目標客層

目標客層是一個組織之所以存在的最重要原因。倘若沒有付費的顧客,沒有組織能夠長期生存下來。

每個組織都為一個或多個特定的目標客層服務。

所服務的對象若是組織機構,就是「企業對企業」(b-to-b);若是消費者,就是「企業對消費者」(b-to-c)。

有些組織會同時服務「付費」和「非付費」的顧戶。舉例來說,大部分的臉書用戶並沒有支付任何費用,但如果沒有這些數以百萬計的非付費用戶,臉書就無法銷售服務給廣告主或市場研究機構。因此,一個商業模式是否能夠成功,非付費顧客也是非常重要的因素。

有關目標客層必須記住以下幾點:

- 不同的顧客會需要不同的價值主張、通路,或不同的顧客關係。
- 有些顧客要付費,有些則不必。
- 組織從某個特定的目標客層所獲得的收益,往往比其他的目標客層要多很多。

價值主張

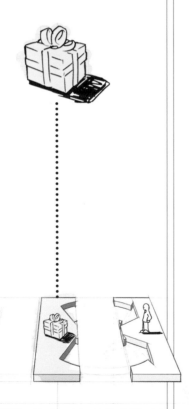

我們可以把價值主張想成是：一套產品或服務為目標客層所創造的價值或好處。而提供高度價值的能力，就是顧客選擇這家公司、捨棄別家公司的關鍵理由。

以下舉幾個例子，說明有哪些元素可以為消費者創造價值：

便利性

節省顧客的時間或減少麻煩，是一項重要的優勢。例如在美國，經營影片和電玩自動租借服務的紅盒（Redbox），就選在人潮多的地點（如超市）放置自動租片機。對許多用戶來說，紅盒提供了最方便的租借和歸還服務。

價格

顧客往往會為了省錢而選擇某項服務。拿Skype為例，就以比其他電話公司低廉的價格，提供國際電話撥打服務。

設計

許多顧客會願意為了某個服務或產品的出色設計而多花一些錢。例如，蘋果公司推出的數位多媒體播放器iPod，無論是做為行動裝置或是音樂下載／聆聽整合服務的一環，漂亮的設計都讓它能比競爭者的產品貴上許多。

品牌或身分地位

有些公司提供的價值是幫客戶打造尊爵不凡的形象。全球各地都有人願意高價購買路易・威登（Louis Vuitton）的奢侈皮件及其他時尚產品，就是因為LV將品牌打造成品味高尚、奢華以及重視品質的形象。

降低成本

有些企業可藉著幫其他公司降低成本而增加營收。例如，大部分的公司會發現，與其自行購買並維修電腦伺服器和高端的電信設備，更划算的做法是外包給第三方遠端伺服器（雲端服務）廠商。

降低風險

企業型的客戶當然對降低風險也很在意，尤其是與投資相關的風險。例如IT市調與顧問公司顧能（Gartner），便藉由銷售研究報告和諮詢服務來幫其他公司預測增加科技支出的潛在效益。

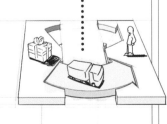

通路

通路具備以下五項功能：

1. 創造對於產品或服務的關注度。
2. 幫助潛在顧客評估產品或服務。
3. 方便目標顧客購買。
4. 傳遞價值主張給目標客群。
5. 透過售後服務，確保客戶購買之後的滿意度。

典型的通路包括以下幾類：
- 面對面或電話
- 現場或是店內服務
- 實體配送
- 網路（社群媒體、部落格、電子郵件等）
- 傳統媒體（電視、收音機、報紙等）

顧客關係

組織必須清楚定義目標客層所偏好的關係維繫形式，例如：是個別服務？自動化或自助式？單次服務或會員式？

此外，組織也必須釐清顧客關係的主要目的和策略：是要爭取新顧客？維繫既有顧客？還是從現有顧客中獲得更多收益？

以上不論是哪種策略，都需要與時俱進。以行動通訊產業為例，早期的電話公司為了開發新顧客，通常採用較積極的手段（例如提供免費手機）。然而，當市場漸趨成熟，他們會轉而將重心移到留住現有客戶，並設法提高每個顧客的平均收益。

還有另一個重點：現在有更多公司（像是亞馬遜、YouTube、Business Model You 及 LLC）會跟顧客一起創造產品或服務。

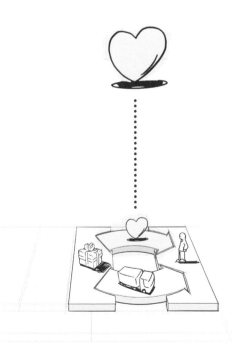

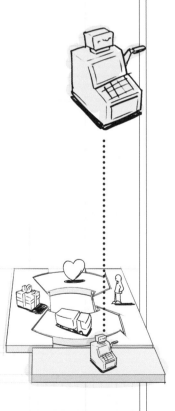

收益流

組織必須：1)找出每個目標客層真正願意付錢購買的價值；2)用目標客戶偏好的方式接受付款。

收益流有兩種類型：1)由顧客支付的一次性收益；2)透過產品、服務或售後服務持續收取的經常性費用。以下是幾種特定類型的收益流：

資產銷售

這是指顧客購買某實體產品的所有權。例如豐田（Toyota）銷售汽車，顧客購車後，就可任意駕駛、轉賣、拆卸，甚至毀損。

租賃

這種方式是指顧客付費取得在一個固定期間內，某項特定資產的獨立使用權，例如飯店房間、公寓或是出租汽車。承租人不必負擔所有權的全部成本，而出租者則享有經常性收益。

服務使用費

這種收益流是透過顧客使用某種服務的「量」而產生的，用越多就付越多。例如，電信公司依據使用時間計費；物流配送公司根據包裹分量收

費；醫生、律師及其他服務業者則以小時或是流程計費；廣告商（例如Google）則以點擊數或是曝光率收費；保全服務根據值勤時間及特殊行動收費。

會員費

這種收益流是銷售某種服務的持續使用權。例如，雜誌、健身房、線上遊戲通常會採用會員訂閱方式，讓消費者付費取得在特定期間內持續使用某些服務的權利。

授權

顧客支付授權金給智慧財產權的持有者，以取得使用特定知識或技術的許可。

仲介（媒合）費

例如二十一世紀等不動產公司，靠著撮合買賣雙方來賺取仲介費，而線上人力銀行Monster.com則藉由媒合雇主和求職者來收取費用。

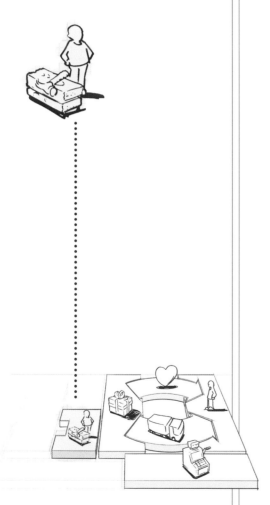

關鍵資源

關鍵資源有以下四種類型：

人力資源

每家公司行號都需要人，但某些商業模式特別依賴人力資源。例如，全球著名的醫療機構梅約診所（Mayo Clinic），就需要許多具備尖端醫學知識的醫生和研究人員；而羅氏（Roche）等製藥廠商則需要許多一流的科學家和專精的銷售人才。

實體資源

土地、建築、機器設備和交通工具，在許多商業模式中都占有重要的一席之地。以網路書店亞馬遜（Amazon.com）來說，會需要一個安裝上大型物流輸送帶的龐大倉儲系統，以及其他許多價格不菲的專門設備。

智慧資源

智慧資源是無形的資產，包括品牌、自行開發的工法、系統、軟體、專利或版權。以擁有許多家連鎖店的機油更換公司捷飛絡來說，可授權的品牌以及獨有的顧客服務流程，就是該公司的智慧資源；至於通訊技術研發商高通（Qualcomm）的商業模式，則植基於可帶來巨額授權費的設計專利。

財務資源

財務資源包括現金、信貸額度或是財務擔保。電信設備製造商愛立信（Ericsson）有時會向銀行借貸資金，再將部分資金融資給客戶來採購其設備，以確保這些客戶的採購對象是愛立信，而非其他競爭者。

關鍵活動

一個組織要有效推展其商業模式，這是最重要的環節。

生產：包括產品的製造、設計／研發／送交貨服務，以及解決問題。對服務業來說，「生產」指的是從準備至提交服務的過程，這是因為服務性質的產品（例如剪髮）是在提交到客戶手中時就被消費掉了。

銷售：指的是促銷、廣告，以及向潛在消費者推廣產品或服務的價值。其專屬任務可能包括電話銷售、擬定並執行廣告或促銷活動，以及教育或訓練。

支援：指的是幫助整個組織順利運作、但與生產或銷售沒有直接相關的活動。例如，招募員工、執行會計帳務或其他行政工作等。

在談到我們所從事的「工作」時，我們想到的往往是任務（關鍵活動），而不是它們所產生的價值。但顧客在選擇一家公司時，通常更在意的是公司能夠提供哪些價值，而不是為他們做了什麼事。

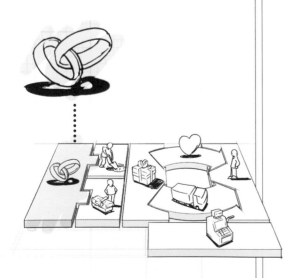

關鍵合作夥伴

建立一個合作夥伴網絡，有助於商業模式更有效運作。

光憑一家公司不可能完全掌握每一種資源或自行從事各項任務，尤其有些工作需要昂貴的設備或特殊的專業能力。這就是為什麼像Paychex這樣的公司會存在，在美國，大部分的公司會將發放薪資等事項外包給這類公司；而在台灣，常見的外包事項則是清潔及保全等非核心功能。

然而，合作夥伴也可能超越「買賣往來」的雙向關係。例如，婚紗公司、花店、專業攝影師也許能夠分享顧客名單、共同舉辦促銷活動，好讓三方都能受惠。

成本結構

取得關鍵資源、執行關鍵活動、與關鍵夥伴合作，都會產生成本。

創造並傳遞價值、維繫顧客關係、產生收益，全都需要成本，而清楚界定關鍵資源、關鍵活動及關鍵合作夥伴之後，成本就能大致估算出來。

「規模化」（Scalability）是一個關於成本效益和商業模式的重要概念。能夠規模化，表示一家企業可以有效處理劇增的需求，亦即能夠同時服務更多顧客卻毋須犧牲品質。如果以財務角度來看，能夠規模化，意味著每多服務一個顧客的額外成本是下降的，而非上升或不變，此時企業就享有規模經濟（Economy of Scale）。

軟體公司就是規模化的一個好例子。一旦研發完成，程式就能夠以低廉的成本複製及配銷。於是，為一個下載程式的新增顧客服務，所產生的費用幾乎是零。

相反的，顧問公司和專人服務的企業則很難享有規模經濟。這是因為每多服務客戶一小時，就會多消耗提供服務者一個小時的時間，亦即每多服務一個客戶所增加的額外成本是固定的，而非下降的。單從財務角度來看，能夠規模化的商業模式更能吸引投資者。

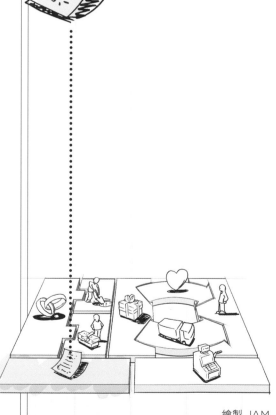

繪製 JAM

將九個構成要素組合起來，

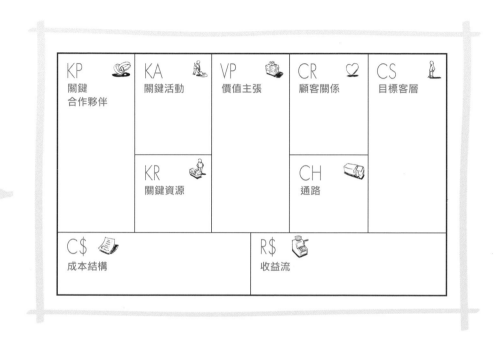

就變成了一個很有用的工具：商業模式圖。

現在，來看看你的商業模式吧！

繪製或列印
一張空白的
商業模式圖

貼上便利貼

描述你公司的
九個要素

我公司的商業模式圖

Key Partners 關鍵合作夥伴	Key Activities 關鍵活動	Value Provided 價值主張	Customer Relationships 顧客關係	Customers 目標客層
	Key Resources 關鍵資源		Channels 通路	

Costs 成本結構	Revenue 收益流

需要商業模式圖的 PDF 檔,請至 BusinessModelGeneration.com/canvas 下載。

商業模式圖範例 （以大型免費分類廣告網站Craigslist為例）

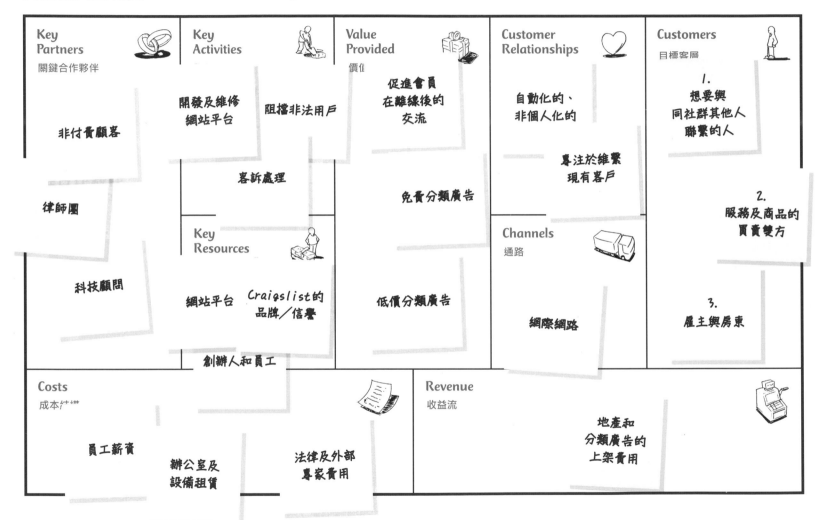

Key Partners
關鍵合作夥伴

非付費顧客

律師團

科技顧問

Key Activities

開發及維修
網站平台　　阻擋非法用戶

客訴處理

Key Resources

網站平台　　Craigslist的
品牌／信譽

創辦人和員工

Value Provided
價值

促進會員
在離線後的
交流

免費分類廣告

低價分類廣告

Customer Relationships

自動化的、
非個人化的

專注於維繫
現有客戶

Channels
通路

網際網路

Customers
目標客層

1.
想要與
同社群其他人
聯繫的人

2.
服務及商品的
買賣雙方

3.
雇主與房東

Costs
成本結構

員工薪資

辦公室及
設備租賃

法律及外部
專家費用

Revenue
收益流

地產和
分類廣告的
上架費用

Craigslist 提供網站分類廣告服務，幫助人們尋找工作、住所、交換或買賣商品，並與其他會員交流。這家公司在 70 個國家擁有 700 個據點，每個月登錄在網站上的工作機會超過一百萬個。即使 Craigslist 的組織文化不像大企業，根據產業分析師的說法，它仍是全世界平均員工獲利最高的公司之一：30 名員工每年的產值超過 1 億美元。

目標客層

Craigslist 的大部分客戶都是不用付費的，但有些城市的雇主或房東需要支付上架費。這些付費客戶資助了免付費客戶。

價值主張

做為一個線上服務提供者，Craigslist 提供的價值是促成會員之間在離線後互相交流；另一個價值則是提供免費的分類廣告，幾乎涵蓋了顧客所能想到的每種產品或服務。這些價值吸引了大批的忠實顧客群，讓 Craigslist 能夠提供第三個價值：對雇主和房東而言，高性價比（高 CP 值）的徵才和租屋廣告。

通路

所有服務都只在網路上進行。

顧客關係

用戶創造、編輯及發布需求時，使用的是全自動化流程，不需 Craigslist 員工介入。員工主要仰賴用戶自發性的調整論壇風氣，以及鑑別詐欺活動。Craigslist 所專心致力的是將現有用戶的使用經驗最佳化，而不是吸引新用戶。

收益流

只有雇主和房東（左頁圖表的第三目標顧客群）能為 Craigslist 帶來收益。

關鍵資源

Craigslist 最重要的資源就是它的「平台」，這是一個自動化的機制（或引擎），讓目標客層之間能夠產生交流。Craigslist 創辦人葛瑞格‧紐馬克（Craig Newmark）的聲望、公眾服務理念，以及該網站的經理人和員工，也都是關鍵資源。（按，葛瑞格‧紐馬克是程式設計師出身的網路創業家，活躍於許多公益慈善事務團體）

關鍵活動

開發並維護網路平台是 Craigslist 最重要的活動。這麼說好了，假設 Google 突然少了 100 個工程師，其實並不會有什麼立即的損失；但如果它的網頁當掉一天，那就絕對是個災難！某種程度來說，這也適用於 Craigslist。除了開發及維護平台，Craigslist 的員工還必須花時間處理駭客、垃圾郵件以及其他非法用戶的干擾。

關鍵合作夥伴

免付費用戶是 Craigslist 最重要的夥伴，他們很努力地維持社群成員之間的誠信和禮貌，以確保平台運作順暢。

成本結構

由於不是上市公司，Craigslist 沒有義務揭露它的財務數字，但它的員工只有 30 名，相較於臉書、推特（Twitter）或 ebay 等其他線上公司，成本支出相對極低。重要的經常性支出，包括員工薪資、伺服器和通訊設備費用以及辦公室租賃費用。依其在業界的知名度及眾多衍生專案推知，這家公司在法律和其他專業費用的支出應該也不少。事實上，有些觀察家認為這些費用加總起來，可能還超過其他成本的總合。

第 3 章
個人商業模式圖
The Personal Business Model Canvas

現在，
讓我們聚焦在最重要的事情上：
你的商業模式。

原本用於描述企業組織的商業模式圖，同樣也能套用在個人身上。不過，首先
要了解這兩者的相異之處：

• 在個人的商業模式中，關鍵資源通常就是你自己，包括你的興趣、技術、能
  力、性格，以及你所擁有且能夠控制的資產；但在企業裡，關鍵資源的領域
  通常涵蓋較廣，例如包含其他的工作者。

• 在個人的商業模式裡，通常會將某些無法量化的「軟」成本（例如壓力）及
  「軟」收益（例如成就感）列入考量；而在企業組織裡，商業模式通常只考慮金
  錢層面的成本和收益。

在描繪個人的商業模式時，可以用另一種方式來描述九個構成要素（見右頁），
讓「商業模式圖」更容易理解。

個人的商業模式圖

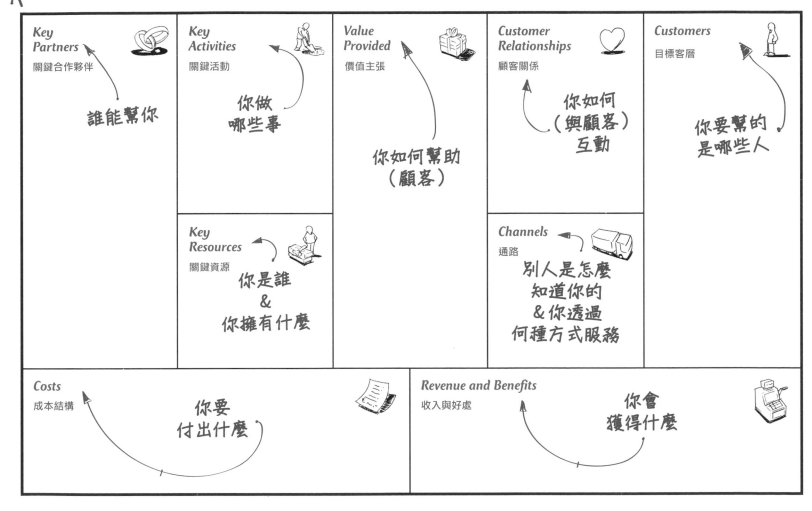

Key Partners
關鍵合作夥伴

誰能幫你

Key Activities
關鍵活動

你做哪些事

Value Provided
價值主張

你如何幫助（顧客）

Customer Relationships
顧客關係

你如何（與顧客）互動

Customers
目標客層

你要幫的是哪些人

Key Resources
關鍵資源

你是誰 & 你擁有什麼

Channels
通路

別人是怎麼知道你的 & 你透過何種方式服務

Costs
成本結構

你要付出什麼

Revenue and Benefits
收入與好處

你會獲得什麼

需要個人商業模式圖的 PDF 檔，請至 BusinessModelYou.com 下載。

是時候，
畫出你生命中第一張
個人商業模式圖了！

準備好紙、筆和一些便利貼，從這章起，你將開始形塑專屬於自己的商業模式圖。在開始前，請記住一件事：在草擬個人的第一張商業模式圖時，請以你目前所賴以維生的專業工作為限。

把你的專業活動繪製成一張清楚、精確的藍圖，這張圖稍後會填上其他的「軟性」職涯元素，包括成就感、壓力、認同、時間要求、社會貢獻等等。

這些生涯
再造者的故事
將會協助你
理解每一個
構成要素

每個構成要素的個人經驗分享

誰能幫你
（關鍵合作夥伴）

你做哪些事
（關鍵活動）

你如何幫助（顧客）
（價值主張）

你如何（與顧客）互動
（顧客關係）

你要幫的是哪些人
（目標客層）

你是誰＆你擁有什麼
（關鍵資源）

別人是怎麼知道你的
你透過何種方式服務
（通路）

你要付出什麼
（成本結構）

你會獲得什麼
（收入與好處）

關鍵資源
你是誰 & 你擁有什麼

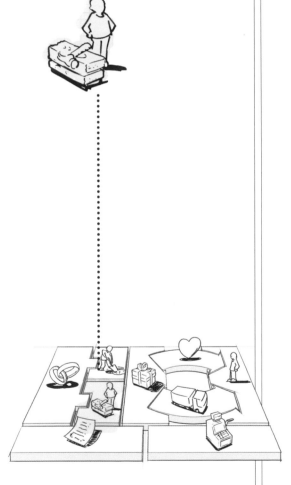

如同前一章所述，企業組織能夠吸引大量的人力、財務等實體或無形的關鍵資源，例如人才、資金、設備、不動產及智慧財產等。相較之下，個人的資源顯得「拮据」，因為我們大都只能靠自己。一般說來，個人的關鍵資源包括了「你是誰」，這指的是：1) 你的興趣；2) 你的才能和技能；3) 你的人格特質；以及 4) 你所擁有的知識、經驗、人脈，還有其他有形無形的資源和資產。

你的興趣，也就是最能讓你感到振奮的事，將會是你最珍貴的資源，因為這是生涯滿足感的主要驅動力。**將你最感興趣的事列在「關鍵資源」的區塊裡。**

其次，是才能和技能。「才能」（ability）是天生的、與生俱來的能力：那些你做起來輕鬆自然、毫不費力的事，例如空間推理、小組導引、機械才能等。將這些天賦才能具體描述、放在關鍵資源的區塊裡。另一方面，「技能」（skill）是指必須經由學習或培養而來的能力：那些你必須不斷演練或學習才會漸入佳境的事，例如護理、財務分析、建築工程、程式設計等，將這些技能也列在關鍵資源的區塊中。

接著是關於人格特質。想想看，你的人格特質是什麼？請逐一寫下來，例如高 EQ、勤奮、冷靜、自信、體貼、活潑外向、精力充沛、注意細節等等。

當然，關於「你是誰」，除了上述這些，還有價值觀、理解力、幽默感、教育、目標、企圖心、意志力等等。但在此，我們先不細分，而大抵用這三個類別來涵括，例如，理解力和意志力可以先歸入「才能」、教育納入「技能」，而價值觀和幽默感則可歸類為「人格特質」。

接著，讓我們來列出「你擁有什麼」，這包括有形和無形的資產。比如說，你跟許多專業人士都有往來，可以寫下「人脈廣」；同樣的，你也可以列出深厚的產業經驗、專業聲譽、特定領域的意見領袖，或任何你親身參與的出版品或智慧財產。

最後，寫下你實際擁有的有形資產（對工作有實質或潛在的效益），例如車輛、工具、專業服裝、資金或其他能投資於職業生涯的實質資產。

人物：

醫生

史林格蘭醫生（Dr. Annabelle Slingerland）專攻小兒糖尿病的研究與治療，她發現很多小病患經常被灌輸「外面很危險」、「很多事情你不能做」等錯誤觀念。為了提倡她的理念，她舉辦了一場糖尿病兒童馬拉松賽，並取名為「孩子圈」（Kids Chain）。

不幸的是，就在馬拉松賽前不久，意外發生了：史林格蘭醫生出了嚴重車禍。雖然馬拉松賽如期地成功舉行，並引起政府、企業與媒體的高度關注，但史林格蘭醫生卻再也無法執業了，未來的日子，怎麼辦？

後來，她發現企業與媒體仍然持續關注「孩子圈」的後續發展。「當初舉辦這活動時我沒想太多，」她回憶：「我甚至一度想放棄這活動，但『孩子圈』沒有放棄我。」

就在這時，有位同事教她利用「商業模式圖」，設計了一個支援「孩子圈」的非營利組織。當填寫到「關鍵資源」這一欄時，史林格蘭醫生頓時豁然開朗。「我必須把自己視為這個非營利組織的重要資源，然後這個組織應該為我的投入而支付我薪水，」她說：「我過去從來沒有這樣想過。」

如今，史林格蘭醫生是糖尿病非營利組織「孩子圈」的部門主管。

關鍵活動
你做哪些事

關鍵活動（你做哪些事）是由關鍵資源所驅動的，換句話說，你所做的事情，自然跟「你是誰」有關。

想想你在工作中經常執行的主要任務，然後填入關鍵活動的區塊裡。請記住，關鍵活動指的，是那些你要為顧客執行的各種實質或心智上的活動，但它們無法用來描述你的價值主張。

即便如此，為了要繪製你個人的商業模式圖，列出這些特定的任務仍然是一個直截了當的方式，同時也能幫你深入考量更關鍵的價值主張。

現在就列出這些任務。它們也許只有二或三個，但也可能有六、七個或更多。要提醒你的是，你毋須將做過的每件事都列出來，只要列出真正重要的活動即可，也就是能凸顯你不同於其他人的那些工作。

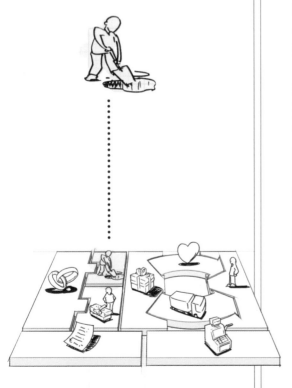

個案研究：	摘要：
關鍵活動	從培養能力轉變為創造價值

人物：

工程師

姓名：史提夫‧布魯克斯（Steve Brooks）

從我念書到剛開始上班那幾年，我一直很認真培養自己的能力，但總覺得自己懷才不遇。軍校畢業時我名列前茅，還拿了一個電機碩士學位，在海軍當過核子工程師，邊上班邊念了MBA，但儘管我這麼努力，仍然沒有遇到理想的工作，感覺自己就是個普普通通的工程師。

為了增加成就感，我一直不斷尋求各種方法，終於找到了「一個人的獲利模式」，我畫了一張自己的商業模式圖，立刻就發現問題在哪了。我終於明白，我只顧著培養自己的能力，卻從來沒想過這些能力可以用來幫助哪些人。當我看著「你做哪些事」、「你要幫的是哪些人」這兩個欄位時，我竟然想不出可以填上什麼。

不過，要從原先專注於培養能力轉變為專注於創造價值，卻是一段痛苦艱難的過程。這也是為什麼「一個人的獲利模式」會遠比商業模式圖更複雜。無論如何，這張圖幫助我找到了自己真正有熱情、有興趣，而且能同時幫助別人的事。

再加上我現在當爸爸了，我還在思考要如何扮演好這個角色，要如何跟老婆分工，例如我應該也學學做那些我原本不熟悉的家事嗎？ 我猜想，應該絕大多數當爸爸的人都在想同樣的問題。此刻，我正在為新增加的爸爸角色重新填寫一份商業模式圖。

目標客層
你要幫的是哪些人

接下來,將目標客層(你要幫的是哪些人)加到你的個人商業模式圖上。回想一下先前提過的,所謂「顧客」有兩種:一種是那些付費買好處的人,另一種是那些不用付費就能獲得好處的人(因為有第一種顧客的資助)。

以個人角度來說,你的顧客或客戶群包括了那些在公司裡必須仰賴你的協助來完成工作的人(如果你是自由工作者,可以直接將自己視為公司,所服務的對象就是顧客)。

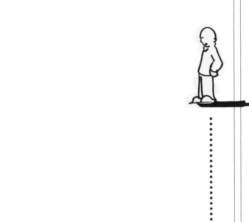

這包括你的老闆、直屬主管,以及其他直接影響你薪資的那些人。他們驗收你的工作、同意公司支付報酬給你,因此他們形成了一組顧客。

所以,請在目標客層的那個區塊中,寫下你直屬主管的名字。

請再想想,你還要對哪些人報告或負責?把他們的名字或角色也寫在同一個區塊中。

然後回過頭來再想想:你在工作中擔任了哪些角色?是否也為組織裡的其他人提供服務?是否將工作交接給同事(以接續完成)?

哪些人在工作上需要仰賴你的協助,或因為你的工作而受惠?這些人也許不是直接給你報酬的人,但是你之所以能持續拿到薪酬,取決於你的整體工作表現,也就是你「服務」特定同事的品質。

比如說,如果你是IT部門的員工,就代表你必須對所謂的「內部顧客」了解得很清楚!在公司裡面,還有其他人或其他部門,是你應該視之為「顧客」的嗎?也許是某個專案領導人或是其他專案成員?如果有的話,請把他們的名字寫下來!

接著,你要考慮的是那些與公司往來的企業,也就是那些使用你公司的服務或購買你公司產品的客戶。你有直接跟他們打交道嗎?即使沒有,你也可以將他們視為你的目標客層。此外,你有跟公司內部任何的關鍵合作夥伴配合過嗎?或許他們也值得列在你的顧客清單上。

最後,想想那些你因工作而間接服務到的廣大社群,包括了社區或城市,或是因相同的商務、專業或興趣而聚集的團體,以上這些也可能是你的目標客層。

人物：
婚禮攝影師

崔娜（Trina Bowerman）參加了「個人商業模式」的工作坊，在上完商業模式圖後，她走到講師面前，說她喜歡剛才講的概念，但不知如何套用在自己身上。

講師問：「你從事的是什麼樣的工作？」

她回答：「我是婚禮攝影師。」

「所以，你是用照片來講述婚禮的故事。」

「呃，從某方面來說⋯⋯算是吧！」

「那麼，除了婚禮之外，你何不嘗試看看去講述其他的故事呢？」

停了片刻，崔娜說道：「謝謝你，今天晚上我會興奮得睡不著了。」

價值主張

你如何幫助（顧客）

現在該來定義一下你所提供的價值了。所謂「價值主張」，就是你如何幫顧客完成他們原本要做的工作。如同前面所說的，這是在思考你的職涯時最重要的一部分。

定義價值的一個好方法，就是問自己以下這些問題：顧客「雇用」我去執行什麼工作？如果我完成這項工作，顧客會得到什麼好處？

就以我們先前提到的捷飛絡為例，這家公司的價值主張，並非我們表面上看到的、幫顧客更換機油（關鍵活動）的工作；而是由專業人員提供協助所帶來的種種好處：解決車子的問題、避免髒亂、減少麻煩。

理解關鍵活動為顧客提供了哪些價值，是個人商業模式最重要的部分。

無論是組織或個人的商業模式，實務上最容易搞錯的，就是把關鍵活動當成價值主張。因此，思考所從事的工作或所提供的服務時，要把服務的「內容」和顧客因此得到的「好處」區分清楚。比如說，祕書的工作（關鍵活動）不外乎安排主管的行程、協調會議（人時地）、處理文書行政等，而其提供的價值主張則是讓老闆（顧客）在日常行政上無後顧之憂，可以專注在營運上。

個案研究：	摘要：
價值主張	發現真正的價值

人物：

專業譯者

米卡（Mika Uchigasaki）是個全職的英日文譯者，她最主要的客戶是律師事務所。

她報名參加「個人商業模式」工作坊，開始學習繪製「個人商業模式圖」。課堂上，她在「價值主張」一欄，寫的是「把文件從日文翻成英文」。

講師問她：「把文件從日文翻成英文，跟你的關鍵活動有什麼不同？」

她一臉困惑。

講師繼續問她：「律師事務所雇用你，最主要的目的是要幫他們完成什麼工作？」

米卡想了一下，回答：「打贏官司。」

「要幫他們達到目標，把文件從日文翻成英文是一項關鍵活動。」講師繼續說，「但是，你最主要的價值在於『產生有說服力的文件，來幫他們打贏上百萬美元的訴訟』。千萬不要讓客戶把關鍵活動和價值主張畫上等號。」

米卡的眼睛亮了起來，她說：「對我來說，這是一種全新的思考方式。長久以來，我一直在尋找一個能夠重塑工作模式的方法，我想，現在我終於找到了。」

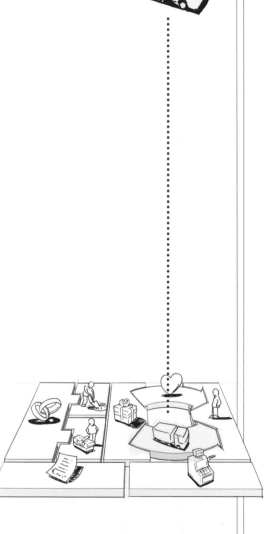

一旦你能清楚定義目標客層和價值主張，
就已經完成繪製個人商業模式的大部分工作了。
接下來，我們要繼續來關心其他部分。

通路
別人是怎麼知道你的&你透過何種方式服務

在這項中，我們要談的是商業術語「行銷流程」（Marketing Process）的五個階段。要描述這五個階段，最恰當的方式是詢問以下這些問題：

1. 潛在顧客如何發現你能如何幫他們？
2. 他們如何決定是否要購買你的服務？
3. 他們將會用何種方式購買？
4. 你將如何遞交顧客所購買的服務或商品？
5. 你將如何追蹤以確保顧客滿意？

想要定義通路，最直接的方式就是問問你自己：你要「如何遞交」顧客所購買的服務或產品，其中可能包括：提交書面報告、當面訪談、將程式碼上傳到伺服器、當面或線上簡報，或是用車輛運送實體商品。

但是，就如同上述的五個階段所呈現的，以通路這個要素而言，更有趣且重要的議題是：如何讓潛在顧客知道你這個人，以及你的價值主張？是口耳相傳？網頁或部落格？文章或演講？電話拜訪？電子郵件或線上討論區？還是廣告？

通路對於個人商業模式相當重要，原因在於：1) 你必須定義「如何幫助顧客」（價值提案），才能向他們傳達這項服務；2) 你必須傳達「如何幫助顧客」，以銷售你的服務；3) 你必須銷售「如何幫助顧客」，以獲得報酬。

個案研究：	摘要：
通路	改變你的通路很重要

人物：

美術設計師

我是那種很容易覺得無聊的人。踏上美術設計這一行之後，我常常換工作，很少待在同一個職位太久。尤其是我待過的幾家小公司，通常無法容忍我這種對細節沒耐心、對團隊合作沒熱情的員工，往往幾個月後不是他們把我炒了，就是我自己求去。由於我沒有創業的經驗，因此也沒有想到其實我非常適合接案子，當個自由工作者——直到一位開除我的老闆這樣提醒我。

我對商業模式一點概念也沒有，也不懂得怎樣去行銷自己。但我現在知道了，除了設計方面的專業能力，我還有兩大強項：一是我喜歡交新朋友，二是可以同時做好幾個案子。

舉例來說，我可以走進一家從來沒去過的公司廣告部門，然後很快就跟大家打成一片，就像是在這家公司待了很久似的。因為我懂得看人，也懂得這個部門的工作流程。

像我這種個性——容易覺得無聊、喜歡認識新朋友、喜歡接新案子——的人，很難當全職上班族。因此，當我的「通路」從「上班」變成「接案子」之後，原本的問題全都轉變為我的強項。此外，我的人際關係技巧也變好了。不過，這可能是因為我在一個新環境下通常不用待太久，而且我發現自己更炙手可熱了。

攝影 David White

67

顧客關係

你如何（與顧客）互動

你會如何描述你跟顧客的互動方式？是提供個人化、面對面的服務，還是仰賴電子郵件或其他書面溝通方式？你與顧客的關係是一次性的，或是持續性的？在策略方面，你著重的是擴張客群基礎（開發），還是滿足現有的客戶（維繫）？**請將你的答案寫在個人商業模式圖上。**

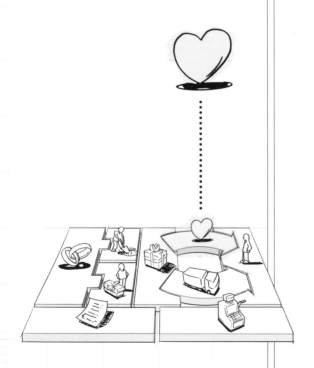

個案研究：
顧客關係

摘要：
語言溝通的力量

人物：
客戶經理

潔西（Jessica Ho）任職於一家辦公及紙類用品製造商，一開始從事的是業務工作，分配給她的客戶中，包括了辦公用品連鎖店史泰博（Staples）和 OfficeMax 等幾個美國大客戶。然而，工作了幾個月，她還在為如何發展良好的顧客關係傷腦筋，於是透過老闆的居中牽線，她向職場教練吉米・懷利（Jim Wylie）尋求協助。

一開始，吉米就把問題聚焦在商業模式圖的「顧客關係」一項上。他發現潔西言行舉止討人喜歡，也很擅長口語溝通，但除了拜訪客戶取得或履行訂單外，她平時很少打電話給他們。潔西承認自己是「數位時代世代」，覺得寄電子郵件比較自在，不習慣面對面或電話交談。

吉米建議她只要有機會就用手機打給客戶，潔西聽從了他的建議。很快的，潔西與客戶的關係就升溫了。打電話往往會讓事情更容易進展，而且氣氛會更融洽，有利於進一步的會面商談。

69

關鍵合作夥伴

誰能幫你

你的關鍵合作夥伴就是那些支持你的專家達人，他們會協助你順利完成工作。關鍵合作夥伴會提供前進的動力、建議和成長機會，也可能提供幫你完成特定任務的其他資源。合作夥伴可能是工作上的同事或導師、專業人脈的成員、家人朋友，或是專業顧問。**現在，把你想到的關鍵合作夥伴一一寫下來。**稍後，你可以選擇是否要擴大你對關鍵合作夥伴的定義。

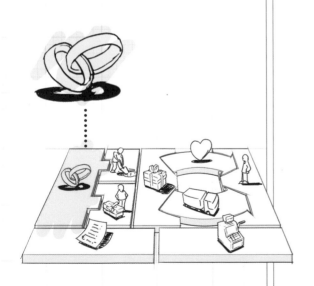

人物：

頂尖業務高手

強恩（Jon Taylor）是個有20年經驗的業務代表，負責把塑膠原料賣給產業內的客戶。他在管理客戶上享有極大的自主權，能夠自行設定價格與付款條件，也很少提報跟銷售活動有關的內部報告。不過，當他的公司被一家大型國際公司收購時，這一切都改變了。

在這個新的大型組織中，強恩發現他的行事風格激怒了某些同事。這些同事負責提供行政與行銷支援給業務人員，把報價及付款條件的指導原則交給業務員，要求他們提交活動文件以便監督銷售行為，並向管理階層報告。

強恩重新審視自己的個人商業模式，意識到這次收購帶來了一批新的內部關鍵合作夥伴，而這批新同事和外部客戶對他的成功都一樣重要。同時他也理解到，自己不容別人過問的行事風格已經過時了。

於是，他決定開始提交活動報告給新的內部夥伴，並且常和他們及業務經理電話聯繫。這些簡單的行為改變讓他的同事們感到驚喜，也得到了他們的支持與配合。

71

收入與好處

你會獲得什麼

寫下你的收入來源，例如薪資、承攬收入或專業費用、股票選擇權、權利金，以及任何其他的現金收入。然後再加上福利項目，例如健保、退休金或是學費補助。日後當你想要調整個人的商業模式圖時，可以考慮將「軟」收益也列進去，例如成就感、滿意度、讚譽，以及社會貢獻。

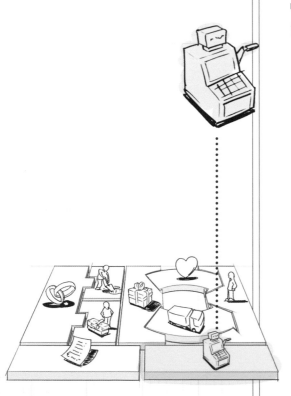

	個案研究： 收入與好處	摘要： **重新思考收入**

人物：

執行祕書

潔（Jet Barendregt）是資誠聯合會計師事務所（PwC）歐洲分部一位資深夥人的執行祕書。

隨著業務成長，資誠新增了一些跟潔類似的職位，但新人的流動率很高，她發現不僅要負責帶新人，甚至還要扛下更多的責任。在公司待了十年後，她雖然成為公司不可或缺的一員，卻覺得自己的專業及價值被視為理所當然。

因此，當老闆宣布搬遷辦公室，而這將會大幅增加她的通勤時間時，她決定要翻新自己的個人商業模式。

她離開資誠並設立一家虛擬的個人服務公司，完全透過電子郵件、電話、Skype 和雲端工具來服務客戶。她的關鍵創新及變動是在「收入與好處」這一欄：用收月費來代替薪水。

今天，潔毋須通勤，有更多的時間分給小孩和追求個人興趣，而且收入比在資誠時高出三倍。此外，她還可以選擇客戶。「我的經驗顯示，你可以在增加收入的同時，還能降低成本。」她說，「所需要的只是承諾、信任，以及正確的商業模式。」

73

成本結構

你要付出什麼

成本是指為了工作所付出的時間、精力及主要的金錢支出。

列出每一項尚未回收的「硬」成本，例如：

- 訓練費或訂閱費
- 通勤、旅行或社交支出
- 車輛、工具或專業工作服
- 在家或在客戶端工作時所產生的網路、電話、交通、水電等費用

你所付出的成本，也包括因為執行關鍵活動或與關鍵夥伴合作，所產生的壓力和不滿。這類的「軟」成本（間接成本），我們會在下一章繼續討論。

📄	個案研究： 成本結構	摘要： **關鍵活動驅動成本**

人物：

廣告AE

「當馬克（Mark Degginger）走進我的辦公室時，整個人散發的感覺強烈地告訴我：他找錯工作了。」職涯顧問法蘭・莫加（Fran Moga）說。「他的情況很糟，有六位數的年薪、漂亮的房子和一艘小艇，卻必須每天掙扎著去上班，還得用長時間的午餐來撐過難熬的下午。」

「他在一家非常獲利導向的廣告公司工作，工作壓力很大而且競爭殘酷。他還有背痛的毛病，明明比我年輕，看起來卻比我老。

「最大的問題是，雖然他很能幹，但他的工作卻違背了他的核心價值。他擁有各種成功的標記，但想追求的，卻是更崇高的理想。

「所以，有一天我問他：『為什麼你還要繼續這樣工作？你曾經想過你要付出的代價嗎？』他什麼都沒說就離開了，但下次見面時，他似乎想通了。『我付出的代價包括關係、健康，還有生活樂趣。』他說。

「再見到馬克時，他還沒開口，我就知道事情改觀了。他看起來神采奕奕，整個人也變輕鬆了。

「我問他：『你好嗎？』他說：『非常好。』已經辭掉廣告公司工作的他，在和妻子達成共識要簡化生活後，目前在一家非營利組織工作，負責培訓弱勢及殘障人士。他的收入比以前少很多，但快樂卻比以前多很多。」

姓名：克莉絲・伯恩斯

（Chris Burns）

關鍵點：
即便是顧客，也有他們該做的事

人物：
博士生

克莉絲（Chris Burns）是個新聞工作者，有扎實的訓練及媒體經驗，她一路看著傳統出版業的商業模式（包括她所服務的公司）衰敗下來。當她被資遣時，她已經在念博士班，目標是在取得學位後改行當教授。

基於對企業永續這個研究主題的興趣，同時也經由博士班教職員網路的協助，克莉絲找到了一份兼職工作：替教授編輯學術論文。出乎意料的，她發現自己非常喜歡這樣的工作。

有一天，她體認到自己真正的工作不單只是個編輯，而是更有價值的事：「讓顧客的論文能順利在首屈一指的學術期刊上發表。」所以，她決定大幅調高自己的鐘點費，並把查找資料的研究時間也納入計費。

結果呢？她有了更多的顧客。

回顧來時路，克莉絲指出自己原先的商業模式犯的兩個常見錯誤：

錯把關鍵活動當成價值主張
克莉絲錯把編輯及改寫的工作（關鍵活動）當成自己為顧客提供的價值。她應該站在一個制高點跳脫來看，先界定顧客需要達成的任務，再從那個任務來定義她所提供的價值。

錯把所有任務都攬在自己身上
起初，克莉絲把案子一手包，將所有事情都攬在自己身上，反而使她的工作被顧客窄化成「潤飾及改寫」。當她開始提醒顧客，發表論文是他們自己的任務，而她是協助他們完成任務的人，她的價值及聲譽才得以攀升。

克莉絲如何修改個人的商業模式

Key Partners  關鍵合作夥伴	Key Activities  關鍵活動	Value Provided 價值主張	Customer Relationships 顧客關係	Customers 目標客層

編輯
改寫
查找資料

~~潤飾及編輯~~

個別服務
長期留任

博士班教職員

行銷

讓顧客的論文
能順利在
首屈一指的
學術期刊上發表

大學教授
（大部分在國外）

Key Resources
關鍵資源

Channels
通路

對企業永續議題的興趣
編輯寫作技巧
一絲不苟
注重細節

e-mail
Skype
網路

Costs 成本結構	Revenue and Benefits 收入與好處

時間、體力
因需要額外查找資料
而產生的壓力

時間、
查找資料
所花的精力、
行銷

~~編輯費~~

高額鐘點費

反思

重新審視你的人生方向，
並好好思考如何讓你的人生目標和職涯抱負能夠更協調一致。

第 4 章
認識自己
Who Are You?

你是誰？你能幫助誰？

遛狗師

商業攝影師安卓雅·威蔓（Andrea Wellman）被資遣後，試著讓自己不要慌張，她沒有第一時間就急著找工作、沒有去找兼差，也沒有跟家人借錢。

相反的，她趁著被開除之後的空檔，去進行一件她耽擱了很久的事：與自己共處。

她承認，她心裡也很想趕緊找份兼差的工作，多賺一點錢，但此刻的她更想讓自己想清楚，這輩子要做什麼。「在丟掉工作之前，我就像一部設定自動駕駛的車子，」她說：「但是現在，我覺得是拿回人生控制權的時候了。」

她非常喜歡兩件事：跑步與狗。從小她就是個汪星人，一路走來都有狗狗作伴，後來迷上跑步，從短程到長程都愛。事實上，就在被開除的幾個月前，她開始跟愛犬 Molly 一起去跑步。有時候，她還會順道帶著鄰居的狗兒一起跑。

沒有工作之後的那段期間，她與狗兒們常常去跑步，而且也因為不上班後時間變多了，她開始幫朋友遛狗。「遛狗讓我感到平靜，」她說：「不，不只平靜，還有快樂，跟牠們一起跑步，我非常開心。」

有一天，她翻閱運動雜誌《跑者世界》（Runner's World），讀到一則轉換人生跑道的故事。「芝加哥有位老兄，全職替人家遛狗，」她說：「他每天的工作竟然只是在遛狗！」剛開始，她不是很相信光是幫人家遛狗就能養活自己，但進一步了解後證明：真的可行！他真的是一個陪狗狗跑步的全職工作者。

於是，她立刻打電話給朋友，告訴朋友們芝加哥有人專門幫人家遛狗，如果她也做這一行，大家是否願意付錢給她？沒想到，大家都願意！「他們告訴我，自從我幫大家帶狗去跑步之後，他們都發現狗寶貝們有了很棒的改變。他們認為跑步有助於狗寶貝們的成長，因此都願意付費給我。」

安卓雅大受鼓舞。

剛開始，她只是把這筆收入當作短期應急而已，沒想太多。但意外的是，朋友們都對她的服務非常滿意，而且到處向人推薦，後來有越來越多的陌生人來詢問，讓她受寵若驚。「我真的沒想過，遛狗這件事可以當成一門生意來做。」她說：「我通常來者不拒，但那是因為我喜歡做這件事，也看到狗寶貝們有多麼開心。」

越來越多人找上門，安卓雅的收入不斷增加，而遛狗也從原本打發時間的活動，轉變為一門事業。幾個月後，她開始能夠打平開銷，這也意味著，她必須把這件事當成一門生意來做。於是，她增加了另一項業務：寵物保險。同時她還取得寵物急救證照，也有了自己的專屬網站。

今天，安卓雅也成了一個陪狗狗跑步的全職工作者，而且因為有五十名客戶，得聘請更多人來幫她才行，這也讓她覺得這次轉變太值得了。「這份工作不只是讓我實現了夢想，」她說：「也為其他跟我一樣的人開闢了一條路，我實在太高興了！」

夢幻工作很少是
透過傳統求職方式得來的，
它們更多是「創造」出來、
而不是「找」到的。
要有這樣的創造，
需要很深入的自我認識。

我的夢幻工作

發現自我

「大部分的求職者找不到夢幻工作,並不是因為就業市場的情報不足,而是因為他們對自己的認識不夠。」四十多年來最暢銷的職涯指南《這樣求職才能成功》(*What Color is Your Parachut?*)的作者迪克・鮑利斯(Dick Bolles)說。夢幻工作很少是透過傳統求職方式得來的,它們更多是「創造」出來、而不是「找」到的。要有這樣的創造,需要很深入的自我認識。

然而,就像攝影師安卓雅的例子一樣,會開始認真探索自我、省思職涯,通常都是因為面臨危機,例如失業或創業失敗,要不然一般人很少會不斷往內在探索,覺得好像太過自我中心。但鮑利斯不這麼認為,因為這樣的探索,為的是要發現「這個世界最需要我貢獻的是什麼」。

此外,在危機發生前深入自我省思,不管是對你、對雇主或是對顧客來說都有利。消極面而言,它能防止身心狀態因工作而耗竭,以及避免夢想破滅;積極面來說,當你處於滿足的狀態中,更能夠發揮所長去幫助他人。

然而,假如沒有危機當頭的迫切感,我們要如何進行有意義的自我反思呢?

工作
以外的世界

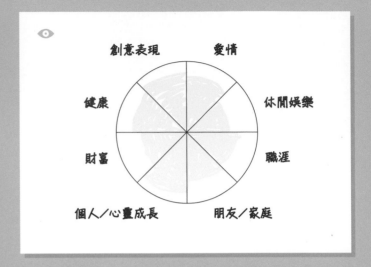

創意表現　　愛情

健康　　　　休閒娛樂

財富　　　　職涯

個人／心靈成長　　朋友／家庭

職涯專家通常會協助客戶從「生命之輪」（Wheel of Life）開始自我探索的過程。生命之輪有很多不同的版本，但每個版本都包含幾個生命主題，例如健康、職涯、財富、個人／心靈成長、休閒娛樂、愛情、朋友／家庭、居家環境、創意表現、生活型態以及收藏等等。

首先，從各種生命主題中，選出八個你覺得跟自己相關度最高的主題，然後按照右邊的說明，進行這個練習。

如何進行生命之輪的練習

1. 選八個跟自己價值觀相關度最高的主題（也可以重組或自創你想要的主題）。
2. 把選好的主題依序放在生命之輪的八個切片上（直接使用右頁空白的生命之輪），然後每個主題按照你自己現階段覺得滿意的程度給分（圓心的滿意度是0分，越往外滿意度越高，圓周是滿分），標註在圖上。
3. 最後把八個切片滿意度的各個點連接起來，用色鉛筆塗上顏色。

若能把生命之輪完全塗滿，代表你目前對人生的這八個面向都相當滿意。然而，大多數人的生命之輪幾乎都有留白之處，顯示某些面向需要更多的關注。

職涯專家有時會要我們在完成後，再用不同顏色的鉛筆，在每個主題加上自己所「想要」達成的狀況。這提醒我們，每個人生命主題的優先順序都有所不同，例如對A來說，「家庭」這塊只要塗滿50%就足夠了，但對B來說可能完全無法接受。

生命之輪的練習提供了我們很多不同的線索，讓我們找出自己真正關注的核心價值與興趣；同時，它也提醒我們，人生有許多不同的面向，有時這些面向的重要性不亞於工作，甚至比工作更重要。

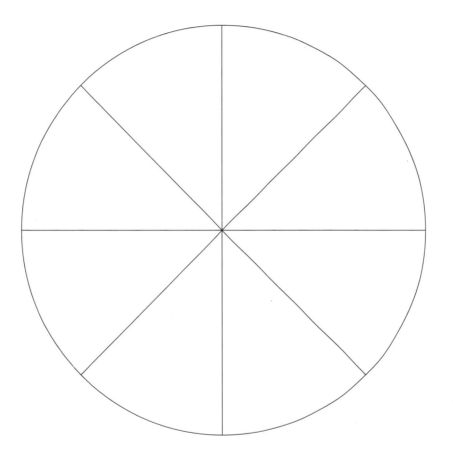

關鍵問題：
我是誰？

透過「生命之輪」思索了工作等各個主題在你人生的比重後，也許你會留意到一些失衡的狀態。那麼，該如何回復生命的均衡狀態呢？

有很多生涯轉換的成功例子，是經由回歸到長久所熱愛的事物，從而提升了職涯的成就感與使命感。這些例子告訴我們，從小喜好的事物可以為一個人成長後的生命路徑做出指引。小時候的我們，知道自己是誰、了解自己的喜好，即使還不曉得如何表達或解釋。

然而，到了生命中的某個時點，情況改變了，就如同職涯大師馬可什·白金漢（Marcus Buckingham）在《Go Put Your Strengths to Work》一書所說的，「兒時清晰的自我認識逐漸淡化，你開始更加聽從周遭的世界，而不是傾聽自己。這個世界嘈雜又有說服力，所以你放棄了自我，服從於外部環境的要求。」

仔細想想，我們的價值觀及職涯目標很可能是隨著別人的期待而改變，而非交由自己的意志或喜好主導，特別是在面臨重大職涯抉擇時，家人、同儕、師長通常會鼓勵我們基於「安全」、「穩定」、「薪資」、「面子」之類的因素做出決定。問題在於，我們往往太輕易接受別人的期待，甚至把它當成自己的想法；太渴望社會的認同，以致忽視了自己內在的指引。

然而，萬一別人的期待完全不適合我們呢？有藝術天分的孩子去讀醫學院，有運動天分的人成了工程師。而文采風流的人去當會計師，這些是出自自己的選擇，還是社會的期待呢？

真正愛做的事

想想20歲以前的自己：

那時候的你，最熱愛的事情是什麼？

有哪些事情（例如嗜好、遊戲、運動、學科、課外活動）是你非常樂在其中的？回想一下那些你天生的、未被修正過的傾向。

想想有哪些事會讓你樂此不疲、感覺時間過得飛快？專注忘我到彷彿與世界隔絕？

然後，請把你所想到的寫在右頁。

將核心興趣
擺第一

現在的你,依然沉醉於那些令你快樂的活動或類似的事情嗎?它們還列在你生命之輪的項目中嗎?

如同白金漢的觀察,很多人放棄了「兒時」的活動,轉而從事比較「嚴肅」的事情,像是讀書、工作,或其他可以負起成人謀生責任的事務。也許我們放棄兒時熱情、轉向傳統目標,是因為覺得那些熱情無法滿足成人世界的需求。

儘管為了順應環境,我們確實會隨著時間而改變,然而湯姆·雷斯(Tom Rath)在《StrengthsFinder 2.0》一書中卻指出,我們從孩提時期以來的人格特質、熱情與興趣,會相對穩定的保留著。

所以,即便我們達到了傳統認定的成功(如同後面126頁凱洛的例子),通常還是會有隱藏版的未竟夢想,是植基於兒時的活動取向。如果長大成人後沒有認出來,並用某些方式追求那個核心興趣,我們就難以體驗到一個圓滿及自我實現的人生。

我們每個人都有某種神祕的渴望，
隨著時間流逝，
這樣的渴望往往會潛入內在，
成為一種密不可宣的哀傷。
每個人的渴望當然不會一樣，
它是最深層需求的自我表達。
只有當內心的渴望開花結果時，
我們才會覺得生命是圓滿且有意義的。

——喬治・金德（George Kinder, *Lighting the Torch*）

多重角色

思考過你的工作、
你的興趣、
你的童年後，
接下來的練習是要思考
如何定義「你是誰」，
以幫助你的職涯「向前行」。

本章開頭提到的迪克‧鮑利斯是全球最具影響力的職涯顧問之一，他設計出一個相當有效的方法，協助我們回答「我是誰？」這個關鍵問題。

現在，準備十張空白的便利貼，在每張的頂端寫下「我是誰？」。然後，在每張各寫下一個答案。

寫好之後，重新檢視每個答案並加以擴充，再問自己：「為什麼會寫這答案？」以及「這個身分最能鼓舞我的是什麼？」寫下來。

完成之後，重新檢視每個答案並排出優先順序。也就是說，哪個身分對你來說最重要？把那張便利貼放在最上面；哪種身分居次，就把它放在第二張。依此類推，直到排完最後一張。

最後，再依序瀏覽這十張便利貼，仔細去讀你寫在「這個身分最能鼓舞我的是什麼？」這個問題下面的答案。然後，在這十個答案中找出有哪些共同點，將它們寫在另一張便利貼上。

現在，你開始認出一些東西了，它們是你透過夢幻工作、職涯或使命所要追尋的，會讓你覺得興奮、滿足及受用。

在下頁有個例子，一起來看看我們的學員如何一步步完成這個練習。

1. 丈夫

愛、性、家庭重心、
陪伴情誼

2. 父親

在孩子的發展過程中
獲得激勵、
愉悅及滿足，
也為他們的成就
感到驕傲

3. 老師

幫助他人、
覺得自己對社會有貢獻、
探索/揭開奧祕/真理、
運用規畫
與表達的能力、
學習、寫作

4. 創業者

從創造新事物
獲得興奮感、
報酬與風險、
神祕性、
自我表達

6. 兒子

家庭的連結、
透過父母及孩子
認識自己、
傳承

7. 兄弟

家庭的連結、
陪伴情誼、
傳承

8. 譯者

特殊技能的運用、
語言的運用、
擔任文化的媒介、
協助揭露普世價值
或文化上未知的真理、
寫作及編輯

9. 演講人

受到注意、
認同感、
規畫及傳達訊息、
掌聲

5. 作家

自我表達、認同感、
運用寫作技巧的快感、
優雅的美學展現

10. 音樂人

美好事物的
創造與分享、
學習、黟伴情誼、
演出

共同點？

探索及揭露
奧祕/真理、
規畫與表達、
寫作、
自我表達、
學習、
運用特殊專長、
情誼

我的職涯必須運用
或具備什麼，
才能讓我覺得快樂、
有用及有價值？

用語言文字去
表達含有真理與
美感的訊息，
要能面對面的溝通，
還要有黟伴之間的
情誼與互動

多重個人商業模式圖

一旦你定義好了自己的不同角色，
也排好優先順序後，
可以再考慮一下這個建議：
為每個角色畫一張個人商業模式圖。

舉例來說，你為「配偶」這個角色畫了一張商業模式圖，
想想你的顧客是哪些人？你提供的是哪一種價值？
透過何種關鍵活動？

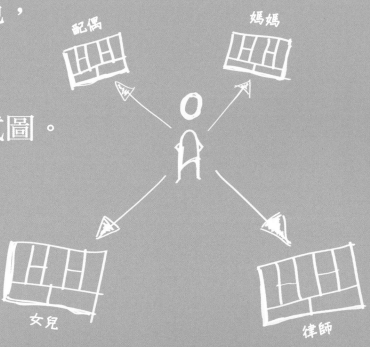

克莉絲汀娜的個人商業模式圖

☐ 舊模式　☐ 新模式

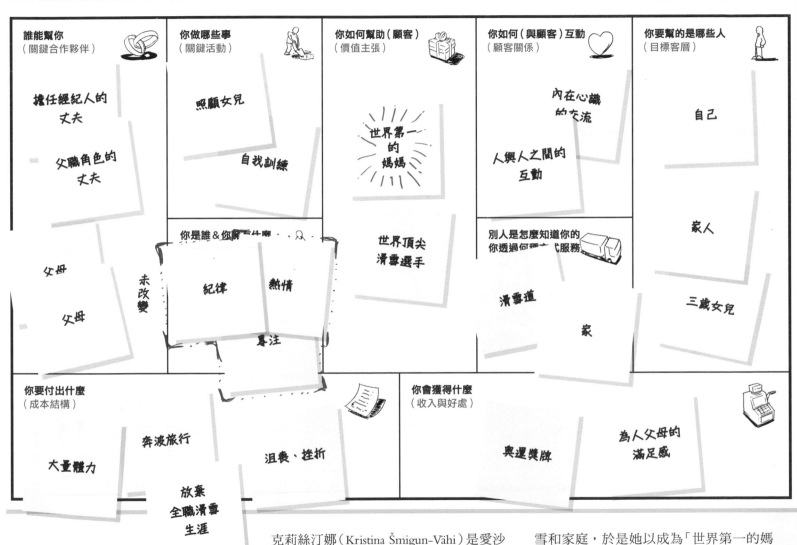

誰能幫你
（關鍵合作夥伴）

擔任經紀人的丈夫

父職角色的丈夫

父母

父母

你做哪些事
（關鍵活動）

照顧女兒

自我訓練

未改變

你是誰＆你擅長什麼

紀律　熱情

專注

你如何幫助（顧客）
（價值主張）

世界第一的媽媽

世界頂尖滑雪選手

你如何（與顧客）互動
（顧客關係）

內在心識的交流

人與人之間的互動

別人是怎麼知道你的你透過何種方式服務

滑雪道

家

你要幫的是哪些人
（目標客層）

自己

家人

三歲女兒

你要付出什麼
（成本結構）

奔波旅行

大量體力

沮喪、挫折

放棄全職滑雪生涯

你會獲得什麼
（收入與好處）

奧運獎牌

為人父母的滿足感

克莉絲汀娜（Kristina Šmigun-Vähi）是愛沙尼亞的越野滑雪選手，在2010年冬季奧運拿下自由式銀牌後，知道自己無法兼顧滑雪和家庭，於是她以成為「世界第一的媽媽」為目標，重新繪製了一張新的個人商業模式圖。

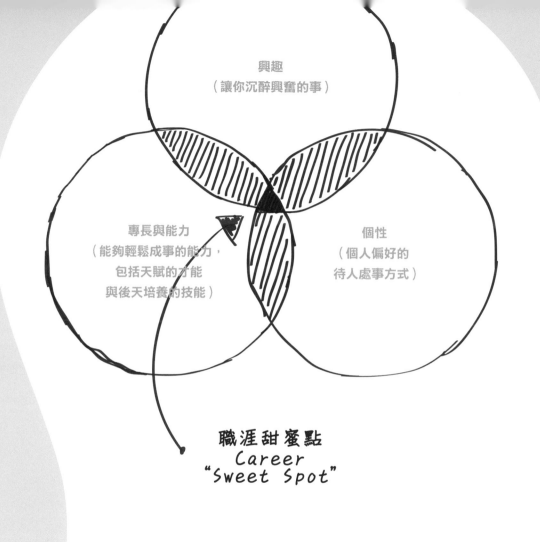

興趣
（讓你沉醉興奮的事）

專長與能力
（能夠輕鬆成事的能力，
包括天賦的才能
與後天培養的技能）

個性
（個人偏好的
待人處事方式）

職涯甜蜜點
Career
"Sweet Spot"

生命歷程
探索

大部分的職涯專家都同意，工作滿意度受到
三個因素共同驅動：興趣、專長與能力，以
及個性。

生命歷程探索（Lifeline Discovery）就是幫助
你界定並驗證這些因素的一種工具。

1. 標出你人生的高點與低點

回想自己人生中得意及失意的代表性事件，盡可能地回溯到你最早記憶所及，將它們標註在時間軸上。

如右頁圖所示，縱軸代表你享受或盡興的程度，橫軸代表時間。

所謂得意（高點）及失意（低點）的事件是指：

· 在工作、社交、愛情、嗜好、學業、心靈追求等各種面向上，曾發生過的特殊或重要事件，包括好的或壞的。

· 至今仍記憶鮮明且感受深刻的人生里程碑或紀念性事件。

· 正向或負向的重大生涯轉折。

你可以使用本頁空白的生命歷程圖，也可另行繪製。在圖上用一個點以及簡短描述，標註每個代表事件，例如「跟阿信結婚」或「進入台雞店工作」。

從最左邊開始，把最早記憶所及的事件標註出來，依照時間順序，一直往右到最近發生的事件。當你標記出15至20個點後，把每個相鄰的點用線連接起來。你的生命歷程圖應該會像右頁姐希·羅伯斯（Darcy Robles）的圖一樣，有高低起伏的變化，讓你清楚看出對當時工作的滿意程度。

＋享受／盡興 一

我的生命歷程圖 ···

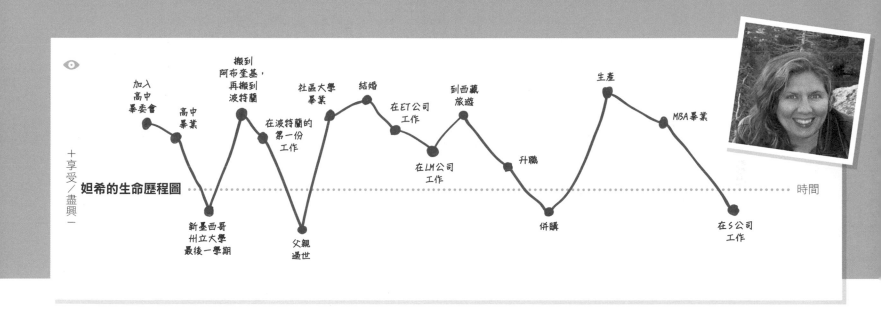

妲希的生命歷程圖

＋享受／盡興 ─

加入
高中
學委會

高中
畢業

搬到
阿布奎基，
再搬到
波特蘭

社區大學
畢業

結婚

到西藏
旅遊

生產

在波特蘭的
第一份
工作

在ET公司
工作

MBA畢業

新墨西哥
州立大學
最後一學期

父親
過世

在LM公司
工作

升職

併購

在S公司
工作

時間

2.描述事件

為每個事件寫下一兩句簡單扼要的描述,方便你勾勒出,是什麼樣的關鍵因素在驅動工作的滿意度,例如興趣、能力／技術、價值等。

使用至少兩個動詞(像是設計、帶領或召集等)來描述每個事件。舉例來說,你在學校活動中唱了首歌,如果你只寫「唱歌」,無法精確表達真實的狀況。更好的寫法是類似這樣:「透過選秀、排練及預演後,在全校才藝表演大會中演唱〈愛情限時批〉,贏得滿堂彩。」

這個步驟要清楚交代當時的背景因素,換句話說,要寫下該事件發生的地點及主題,例如上面提到的「全校才藝表演大會」。

妲希如此描述她人生的五個代表事件:

1. 加入畢業紀念冊編輯委員會:在設計紀念冊的過程中,學到正向思考的重要性,也建立起自信心。

2. 從波特蘭社區大學畢業,拿到電腦資訊系學位:從運用邏輯能力解決問題的過程中,獲得極大的成就感,學會設計／發想解決方案,樂於跟有共同目標的團隊一起工作並貢獻想法。

3. 在ET公司擔任重要的資訊人員:傾聽內部顧客描述問題／機會,透過發揮技術及分析技能去開發出解決方案而充滿了成就感。經由在不同領域工作,持續增進專業技術知識,並享受樂觀有活力的氣氛。

4. 西藏之旅:探索西藏的獨特文化,除了享受旅行樂趣之外,也增加了個人對西藏人民及歷史的了解。這是一個自我省思及個人成長的階段。

5. 因併購而轉換雇主:帶領一個團隊負責日常營運,技術開發的機會很少,發想及執行新點子的機會有限,有一些個人成長的機會,但能學的不多。新公司的文化比較官僚,管理風格老派,重視金錢而非價值導向,少了些正能量。

我的生命歷程事件

1	11
2	12
3	13
4	14
5	15
6	16
7	17
8	18
9	19
10	20

3.找出你的興趣

現在我們可以開始一些有趣的自我探索。

興趣是一種關鍵資源,形塑了現在的你。想一想你人生中的所有高點事件———那些讓你感到興奮的事,是在什麼樣的背景因素(產業／主題／興趣)下發生的?包含了哪些活動或行動?它們是否有共同點指向一個特定的興趣領域?順便再看看,這些興趣領域有沒有符合你「生命之輪」的結果?

同樣值得探究的是,找出你的職涯轉換點。回想當時做出關鍵決定而促成的改變,最後的結果大部分是得意的高點,或是令人感到挫敗的低點?

職涯專家發現,「內控點」(internal locus of control)對職涯滿意度有決定性的影響。所謂的「內控點」,是指你自己決定你想做什麼,而不是受到外部因素(比如家庭、朋友、同事、金錢及社會)的影響。當我們對自己有充分的了解,就比較能避免依照別人的期待來做事,或者被自己的職涯「牽著走」,隨波逐流。

姐希的自我剖析 👁

最令我滿意的，是在成效導向的積極氛圍中，運用自己的創意與分析能力（邏輯推理能力），針對不同的問題去發想並執行解決方案。我曾經在一些專案中，跟一群擁有共同目標、努力工作的夥伴共事，或是跟顧客一起努力來解決他們的問題，這些都讓我充滿了成就感。最終，也是這樣的成就感促使我更多元化發展及持續學習——不僅在技能方面，也包括個人的自我成長。

我的關鍵動詞：發展、創造、解決、學習、分析、執行點子、溝通、與他人共事。

4.找出你的專長與能力

從103頁「我的生命歷程事件」中，圈出所有的高點事件，然後依下表逐一檢視，找出並勾選那些能夠適當描述這些活動的項目（可重複勾選）。如果表中找不到精確符合的用詞，請選擇最接近的一個。最後，將每一欄的打勾記號加總。

從這裡開始

會計工作		廣告宣傳		分析		組裝		參加或舉辦活動		討論／論辯	
稽核查帳		藝術創作		從事獨立研究		建築		加入社團		發起行動	
資料處理		概念化		闡述問題		照護動物		照護孩童和長者		領導眾人	
計數運算		創作藝術品或出版品		診斷		駕駛車輛		協調		談判	
存貨處理		創意發想		參加科學競賽或研討		維修電器／機械		心理諮商		參與政治活動	
辦公室管理		建築或家具設計		調查研究		維修物品		同理心		說服或影響他人	
機械操作		改編小說戲劇		實驗室工作		排程		招待		推廣	
程式編寫		編輯		閱讀科技或科學出版品		研究探勘		面談		經營自有事業	
採購		音樂或舞蹈表演		解決科技或科學問題		參加職業訓練		交朋友		銷售	
記錄謄寫		進修藝術相關課程		鑽研專門主題		設備疑難排解		參加宗教服務		公開演說	
祕書事務		攝影		進修科學課程		使用工具或重型設備		講授、指導		督導／管理他人	
進修商業課程		寫作／出版		撰寫或編輯科技文章		戶外工作		擔任志工		進修管理課程	

每欄統計

5.「前十大」和「五最愛」

計算每一格的打勾總數，找出排在前十名的項目。

前十大 ✏

1

2

3

4

5

6

7

8

9

10

接著，選出你最喜歡做的五個項目，不用管它們得到幾個勾。對照你在102頁「描述事件」所寫的內容，這些你喜歡的項目有在裡面嗎？它們是否得到很多勾勾；或是只有一些，但你未來願意花更多的時間在這上頭？

五最愛 ✏

1

2

3

4

5

6.界定你「能做且想做」的事

從「前十大」和「五最愛」的表列中，選出三至五個你喜歡且擅長的項目。

我能做且想做的事 ✏

1

2

3

4

5

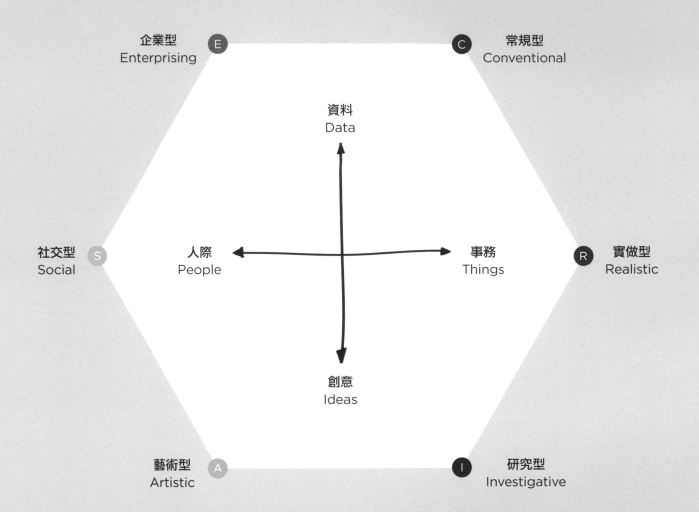

個性
與環境

以下的練習，是根據一套著名的生涯評量與諮商方法，協助你了解如何依據自己的個性來選擇工作，以及工作環境是否與個性相合（或衝突）。

美國心理學家約翰‧霍蘭德（John L. Holland）的這套職涯選擇理論（參 *Making Vocational Choices* 一書），數十年來經歷過許多研究者的測試與驗證。全世界使用最廣泛的職業興趣（vocational interest）資料庫，以及美國勞工部的多種職業分類及相關文獻，都是以他的理論為基礎。

數十年前，霍蘭德就提出了一個今天看來理所當然的洞見：職業興趣是一種個性的展現。換句話說，職業表達的是一種生活方式、一種環境感，而不單單是指一份工作職務或技能（參 *Manual for the Vocational Preference Inventory* 一書）。

這表示人們透過職涯選擇來展現他們的個性，正如選擇朋友、嗜好、消遣及學校一樣。同樣的，職涯滿意度也取決於工作者的個性與工作環境的「速配」程度。（重要提示：這裡的「工作環境」指的主要是工作場所的其他人，而非我們常認為的硬體環境。人們對工作環境的滿意或不滿意，其實大都來自工作夥伴，而不只是舒適的辦公室或免費咖啡。）

為了幫大家理解職涯選擇是個性的一種展現，霍蘭德定義了六種不同的個性傾向（人格特性類型），並強調每個人都擁有這六種傾向的獨特組合（精確地說，共有6×5×4×3×2×1種，共720種組合），只不過某些傾向會比較明顯。

霍蘭德的
六種職業傾向

S 社交型（Social）

· 偏好以提供協助、治療、發展或資訊等方式為他人服務
· 具備人際技巧與教導能力
· 傾向避開實做型的職業及無法與人互動的工作

I 研究型（Investigative）

· 偏好調查／研究理化、生物或文化現象
· 具備科學／數學方面的能力
· 傾向避開企業型職業與商業情境下的活動

A 藝術型（Artistic）

· 偏好運用實體或虛擬材料創造藝術造型或產品
· 具備藝術／語言／音樂方面的能力
· 傾向避開行政類型的職業及僵化的制式活動

STATISTICAL INFORMATIO

六種傾向的重點摘要

C 常規型（Conventional）

- 偏好在制式化的環境中整理或處理資料
- 具備行政及運算方面的能力
- 傾向避開模糊、自由及缺乏體制的工作或情境

E 企業型（Enterprising）

- 偏好領導／影響他人以達成組織目標或經濟利益
- 具備領導與說服能力
- 傾向避開研究調查方面的職業與活動

R 實做型（Realistic）

- 偏好與工具、機器或動物為伍的工作，通常是戶外工作
- 具備機械技術與體能
- 傾向避開社交型的職業與類似情境下的活動

找出你的
主要個性傾向

要加強你對自己個性傾向的了解，請回頭看106頁的表格。每一欄分別用紅、藍、黃、水藍、綠、紫這六種顏色，標註著霍蘭德的六種性格傾向。請在右頁六角形的六個角中，找出跟這張表格每一欄相同的顏色，再把各欄的活動總數寫在相對應的圓圈內。如果藍色的分數最高，代表你的主要性格傾向是研究型。

了解六大傾向不僅可以幫助我們深入了解自己，也能夠更了解我們的工作環境。

事實上，工作環境就跟人一樣，也可以用這六大傾向來描述。比方說，銀行就是一個常規型的工作環境，而廣告公司的創意部門則是藝術型的好例子。職涯的滿意度，大都取決於工作環境跟自己個性的速配程度。

例如，有強烈藝術傾向的人對銀行或保險公司這類常規型的工作環境往往多所挑剔；同理，適合常規型工作環境的人，也很難在廣告公司或劇院之類的藝術型環境生存下來。「你是誰」（關鍵資源）驅動「你做哪些事」（關鍵活動），這兩者必須協調。

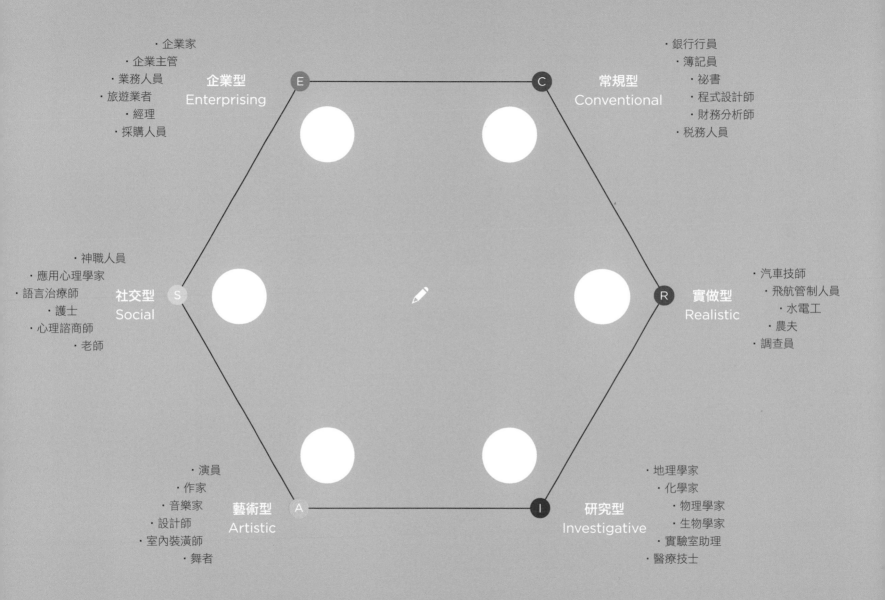

· 企業家
· 企業主管
· 業務人員
· 旅遊業者
· 經理
· 採購人員

企業型
Enterprising
E

· 銀行行員
· 簿記員
· 祕書
· 程式設計師
· 財務分析師
· 稅務人員

C
常規型
Conventional

· 神職人員
· 應用心理學家
· 語言治療師
· 護士
· 心理諮商師
· 老師

社交型
Social
S

R
實做型
Realistic

· 汽車技師
· 飛航管制人員
· 水電工
· 農夫
· 調查員

· 演員
· 作家
· 音樂家
· 設計師
· 室內裝潢師
· 舞者

藝術型
Artistic
A

I
研究型
Investigative

· 地理學家
· 化學家
· 物理學家
· 生物學家
· 實驗室助理
· 醫療技士

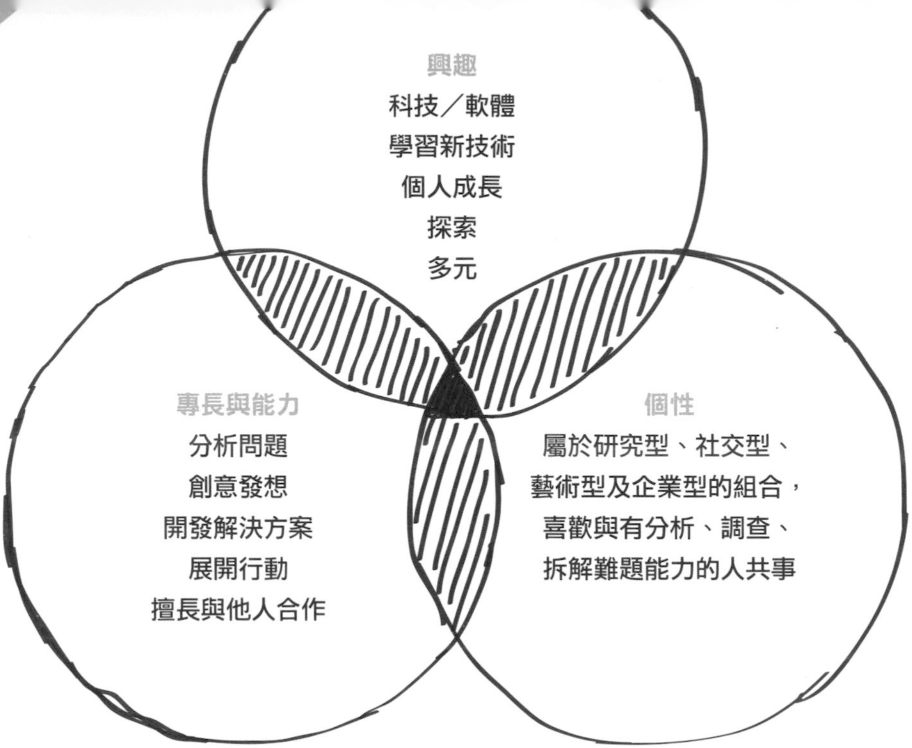

興趣
科技／軟體
學習新技術
個人成長
探索
多元

專長與能力
分析問題
創意發想
開發解決方案
展開行動
擅長與他人合作

個性
屬於研究型、社交型、
藝術型及企業型的組合，
喜歡與有分析、調查、
拆解難題能力的人共事

我喜歡分析及解決問題，
但重要的是，
我能和別人一起合作、給予他們協助，
也有能力去創造、發展，並將想法落實。

——妲希·羅伯斯

了解自己

程式設計師

有時候調整工作者與職場這兩者之間的搭配關係，可以出人意料地提升滿意度，就像西恩‧巴克斯（Sean Backus）的真實經驗一樣。

念大學時，巴克斯除了是全職的學生外，每週還以程式設計師的身分工作15到20小時。不論是主修的電腦領域或是兼職的工作，他都有出色的表現：教授欣賞他的專業能力，鼓勵他繼續深造；雇主美商科頓系統（Credence Systems）也滿意他的工作成果，邀請他畢業後直接去上班。

巴克斯決定去科頓系統工作。他了解也喜歡程式設計，對於有這個機會讓他在畢業後就能發揮所長而興奮不已。

但令他驚訝的是，這個工作卻讓他筋疲力竭。他以為自己進錯了公司，所以離職到另一家軟體公司做程式設計，但很快地，同樣的挫折感又來了。於是，他又換到第三家公司上班。現在，他又體驗到了類似的感覺。

至此，巴克斯生氣又絕望。畢業兩年，他就換了三個工作，他開始質疑自己選錯科系入錯行，並尋求專業職涯諮商師的協助。對方建議他接下來幾個星期先不要去找新的工作機會，而是冷靜下來了解西恩‧巴克斯這個人。他同意了。

職涯諮商師運用面談及評估工具，幫巴克斯確認了他強烈的社交傾向。事實上，他發現自己骨子裡就是個善於交際、很有親和力的人，碰巧天生又具備了自然科學與機械方面的能力。念大學時，跟同學和教授的互動滿足了他的社交需求；而兼職的程式設計工作則滿足了他的興趣及收入。然而，當他成了一名全職員工，整天坐在電腦前只會讓他感到挫折又無力。

巴克斯體認到，雖然他喜歡科技，但目前的工作缺乏足夠的社交互動，他需要更多的人際往來。後來他跟雇主討論他的狀況後，轉換到另一個可以傳授電腦技能給其他員工的職位，工作滿意度立即提升。

這個經驗讓巴克斯深切了解，關鍵資源如何與他個人商業模式的其他元素交互作用，相互影響：

興趣、專長與能力

在電腦方面，巴克斯有興趣，也有專長及能力，這些是重要的關鍵資源；也因此，直到他對全職工作徹底灰心之前，他都不覺得有自我探索的必要。一旦他開始深思，就發現了其他重要的興趣、專長與能力，特別是引導（facilitating）與教導（instructing）。這些關鍵活動在他先前的工作中都付之闕如，使得挫折和不滿等「軟」成本提高了。

個性

巴克斯知道自己個性中有「程式設計師」的常規型那一面，但也發現了自己的社交傾向稍微超越了他的常規型偏好。單純的程式設計工作讓他沮喪，因為工作環境只符應了他個性的某一面，即偏向制式、組織化且可預測的常規型傾向。

控制點

巴克斯喜歡玩電腦，卻從未認真地把自己定位為程式設計師，反而是同學、教授和同事的讚美和肯定，幫他打造出「巴克斯是程式設計師」這塊招牌。這些鼓勵加上科頓系統的一紙聘書，使得他自然而然地接受了「程式設計師」的這個身分，而沒有再去細想其他的面向。接受這個定位，讓巴克斯把他的職涯問題歸咎於外控點（雇主），而不是內控點（由於自我認識不足，造成關鍵資源與關鍵活動的搭配失當）。

尊重自己的興趣與價值

藝術表演工作者

江翊睿出身於醫生世家。從台北醫學大學醫學系畢業後，獲聘長庚醫院住院醫師，但卻放棄家庭和社會價值，選擇追逐藝術夢想。

翊睿從小就展現了音樂方面的興趣和能力，考上建中後，他擔任樂旗隊打擊首席、參加合唱團，而課業也從未耽擱，升學考試無往不利。在別人是蠟燭兩頭燒的辛苦，對他來說卻是：「Enjoy就不會累！」考進醫學系後，音樂仍舊是生活的重心。大一他出任北醫杏聲合唱團獨唱，大二當上指揮，兩度率團奪得全國冠軍。

大四是他思考職涯的轉捩點。音樂劇《悲慘世界》中文版在台甄選角色，翊睿受音樂總監楊忠衡賞識，擔綱男高音馬留思（Marius）一角，啟發了他演出音樂劇的熱情。他說：「我心裡有個聲音，我想要唱歌，唱歌才是活著的理由。」

翊睿開始思索自己的個性、能力及興趣。他嚮往的不是醫院的生活，因為醫師的工作枯燥重複，不適合他的社交型性格，而且也沒能「真正」解決問題。他解釋：「療癒才是解決問題，但醫院大部分的工作是症狀控制，讓（小病）病人不痛不哀、可以正常過日子，就算給個交代了。」

但話說回來，醫生收入穩定、社會地位高，一向都是備受肯定的好職業。翊睿本人的想法呢？「難道所謂的成功或滿足，就只是吃美食、買名牌、開好車，卻不包括心靈成長嗎？」他認為物質不是人類要累積的目標，真正的療癒在心靈。他說：「音樂劇有強大的療癒功能，比針藥更有效。」於是他決定捨棄生理的醫療，轉而追求心靈的醫療，深入那個滿足他社交型性格、讓他樂此不疲的音樂領域。

醫學院畢業後，他就到紐約百老匯闖蕩進修，每天看音樂劇，思索著如何把同樣的感動複製到台灣，讓台灣人了解這樣的藝術形式，從中得到心靈滿足或療癒。雖然他的演唱實力足以在百老匯登台，但「美國人很難給華人什麼角色」，而且「台灣人應該聽自己的音樂劇」，所以沉澱之後，他帶著信心返台，加入當時才剛起步的台灣創作音樂劇演出。

2007年，江翊睿在台灣音樂劇《四月望雨》中飾演男主角鄧雨賢，一炮而紅。此外，台灣音樂劇三部曲的後續兩部《隔壁親家》和《渭水春風》，江翊睿也參與演出，見證了台灣音樂劇從萌芽到茁壯的歷程。他說：「除了會唱歌之外，我沒有受過正式的演員訓練，反而因為摸索嘗試，每一場都創造出新東西。」

除了音樂劇外，翊睿還充分發揮聲音天賦，參與無伴奏合唱阿卡貝拉（a cappella），擔任「神祕失控人聲樂團」主唱及舞台總監，巡演世界五十個城市，並獲得奧地利國際阿卡貝拉重唱大賽流行組冠軍，還曾入圍金曲獎。圈內人說他是「越唱越高的男高音」，媒體則封他為「音樂劇小天王」，說他具備「罕見的語言能力與歌唱技巧」。他卻說：「音色只是外衣，要傳遞的訊息才是實質（療癒），表演要誠心（才會感人），不能只靠聲音天賦。」因為「藝術應該跟大眾更加密切結合，才能完成它最初的使命」。

那麼，醫學院訓練對他獨特的音樂生涯有任何幫助嗎？翊睿說：「抗壓性吧！」無論是決定走一條不一樣的路，還是從事藝術表演的精益求精，都需要承受高度的壓力，而回頭一看，這個能力竟然還是來自家傳以及成長背景。他今天的滿足與成就，正是這種能力與個性、興趣結合的結果。

你是
哪一種人？

這裡要介紹的，
是一種簡單卻有效的自我探索練習，
你可以跟朋友、同事、主管、父母
或其他非常了解你性格
及特質的人一起做。

1. 影印幾張122-123頁的個人特質表，在其中一張圈出大約十二個你認為最能描述你的特質。

2. 描述你所選取的每個特質。比如說，如果你圈選了「沉穩」，你可能會這樣寫：「我總是有始有終的貫徹一個案子，心無旁鶩。」

3. 把一張空白的個人特質表交給你的朋友、同事、員工、家人或你信任的夥伴，請他圈出大約十二個他認為最能描述你的特質。你可以這樣介紹這個練習：

「我想要了解別人是怎麼看我的，請你以你的觀點，在這張表中圈選出你覺得最能描述我的十二個特質。」

4. 然後，跟對方討論為何他會圈選某些特質，例如你可以這樣問：

「你選了『有創造力』，請問你是從哪裡看出來的？你認為『有創造力』這個特質對我來說有多重要？還有什麼其他原因讓你圈選這項嗎？」

5. 跟其他你所信任的對象重複幾次這個練習，三到四次以後，你就會發現一些共同的特質。其他人的感覺和你自己的感覺一致嗎？你或許會發現自己從未覺察的長處！（你也可以求助職涯諮商師，或是類似Checkster.com這類的網站。這裡要特別感謝Denise Taylor的協助。）

抽象式思考	乏味無趣	好奇	感情豐富
學院派	心胸開闊	顧客導向	有同理心
包容的	務實而有條理	大膽、敢冒險	精力旺盛
精準	冷靜	果斷	事業心強
成果導向	無憂無慮	消沉的	熱情
行動導向	仔細周到	順從	獨特
適應性強	有愛心	目空一切	容易激動
勇於冒險	謹慎	深思熟慮	狡猾
有親和力	善變	可靠的	老練
害怕恐懼的	有魅力	依賴	專業
有進取心	耍弄哄騙	憂鬱	堅定
委屈感	冷漠	注重細節	柔韌有彈性
冷漠	有商業頭腦	意志堅定	專注
有企圖心	忠誠	勤勉、勤奮	愚蠢
風趣	能幹	得體、圓滑	寬容
善於分析	有競爭力	沮喪	直率
易怒	自信	遵守紀律	親切友好
煩惱	困惑	謹言慎行	灰心
焦慮	保守	高傲	好玩樂
有欣賞力	前後一致的	慌張	慷慨
有領悟力	知足的	雜亂無章	溫和仁慈
善於表達	酷	支配	陰沉
卑微的	樂於合作	腳踏實地	受歡迎的
武斷	勇敢	有活力	理性
精明	瘋狂古怪	隨和	言語謹慎
權威	有創造力	效率高	快樂
害羞靦腆	可信、可靠	有戰鬥力	樂於助人

無助的	有氣質	有説服力的	足智多謀	激勵他人	綁手綁腳
有敵意的	活潑	具開創性的	負責任	坦率直接	得意洋洋
屈辱的	有邏輯	樂天的	反應快	策略性思考	輕信他人
幽默詼諧	迷失	積極	勇於承擔風險	堅強	不愛出風頭
歇斯底里	充滿愛的	實際	哀傷	有成就	體貼
理想主義	忠誠	務實	滿足的	陰沉	獨特
充滿想像力的	就事論事	精確	多疑	對他人有支持作用	不穩定
不耐煩的	成熟	墨守成規	輕蔑的	出人意表的	與眾不同
易衝動	井然有序	注重隱私	自信	多疑	報復心重
優柔寡斷	溫和	主動	自制力	有同情心	多才多藝
獨立	淘氣調皮	自我保護	律己甚嚴	圓滑	品行不端
冷淡漠然	謙虛	驕傲自負	自動自發	有才幹	精力充沛
個人主義	積極	準時	自視甚高	健談	有遠見
勤勉	客觀	懷疑	自以為是	任務導向的	溫暖
有影響力的	開放	快捷	敏感	團隊建立者	機警
積極主動	條理分明	文靜	穩重	有團隊精神	軟弱
創新	有組織的	明事理	嚴肅認真	堅忍不拔、頑強	任性
具洞察力	外向	被動	害羞	溫柔	機智
聰明	傑出的	注重實際的	白目	緊繃	自尋煩惱
懂得自省	敏感	沉思型的	真誠	理論派	
妒忌	易驚恐	排斥	遲鈍	厚臉皮	
充滿喜樂	有耐性	可信賴的	善交際	臉皮薄	
愛批判	脾氣不好	放鬆的	世故	思慮周全	
善良	敏鋭	懊悔	悲傷	整潔	
知識廣博	有洞察力	憤世嫉俗	可憐	膽小	
缺乏企圖心	堅忍不拔	拘謹、矜持	自發性	容忍	
輕率魯莽	固執	復原力強	沉穩	傳統	

定義工作、
定義自我

對你來說，工作是什麼？

我們也許不在資遣優先名單中，也從未感受過身心耗竭。然而，無論是何種理由，許多人其實正處在職涯「自動導航」之下，如同江翊睿投身音樂劇之前的狀況。我們或許平穩前進，或許起伏顛簸，但方向和速度卻大都由外在趨勢決定，而非依照自己的意圖。我們短期可能會因為工作符合自己的核心興趣而感到心滿意足，但如果不是由自己掌舵，這種滿足感還是會逐漸淡化。

要覺察自己是否處於自動導航模式，並進一步探索自我，可以這麼做：先思考工作在你生活中所處的位置，以及這個位置是否符合工作對你的真正意義。

即便我們已經對自己做過各種分析，但是許多人還是會用職業來定義自己，正如初識的人通常會問對方的第一個問題是：「你目前在哪高就？」

雖然工作的意義因人而異，而且可能天差地遠，但事實上，工作對你來說卻是形塑「你是誰」很重要的一環。

傳統上，
專家把工作的意義歸為三類：

職業：工作是一種謀生方式

單純把工作當工作，意味著你工作只是為了薪水，沒有太多的個人投入及滿足感。社會心理學家羅伊・鮑梅斯特（Roy Baumeister）在《生命的意義》（*Meanings of Life*）一書中，描述為薪水而工作的想法：「這樣的工作是一種工具性的活動，也就是說，做一件事基本上是為了另一件事。」

然而，透過工作展現專長，還是能夠讓我們

副總裁
珍・史密斯
Jane Smith

獲得滿足感，更不用說得到的實質報酬，還可以讓我們追尋其他層面的生命意義。

事業：工作是一種生涯規畫

為了生涯規畫而工作，是受到成功、成就及地位等渴望所激勵。鮑梅斯特認為，這種工作動機並非對工作本身的熱情，而是「強調在工作上得到對自我的回饋，對他們來說，工作的意義是一種創造、定義、表達、證明，以及榮耀自我的手段」。把工作當成生涯規畫，可以是實現生命意義的一個重要來源。

志業：工作是聽從召喚

如同下一頁提到的凱洛，召喚（calling）一詞源自於「被號召」（called upon）去從事某類工作的概念：包括來自宗教或社群的外在召喚，或是內心想要展現天賦的動機。鮑梅斯特說，這是「出自個人義務、責任，或甚至是天命」。

除了上述這三種傳統分類之外，我們建議加上第四種。

志趣：工作是實現自我

把工作當成自我實現，最好的描述是：工作由強烈的興趣（甚至熱情）所驅動，但不具備來自「召喚」的那種高度使命感。經由工作追求自我實現的人，可能會選擇異於傳統的生涯之路，重視個人的興趣高於財務報酬、地位或聲望。這樣的工作可以是生命意義的重要來源。

顯然，這四種定義會有重疊之處，而且每個人的工作通常也包含來自四種類型的元素，只是比重不同而已。這樣的分類只是提醒我們，工作多少可以提供我們人生的意義。

例如，以工作謀生的人可能從家庭、嗜好、宗教或工作以外的活動得到人生意義。

追求事業的人會把大部分的人生投注在求取更多的財富、地位或名聲，甚至犧牲家庭生活或其他興趣。

受到召喚的人則可能領略到高度的心靈滿足及專業成就，但也有可能會得不到傳統雇傭價值的肯定，因而產生被剝奪感（我想到的角色是藝術家及傳教士）。

最後一種是追求自我實現的人，他們有可能在工作中找到生命意義，而且不用做到犧牲家庭及其他興趣的地步。

搖擺的人生，
徬徨的心

當稅務會計師凱洛忍不住低聲啜泣時，在倫敦執業的心理及職涯諮商師席蒙斯只能一臉同情地微笑看著她。

席蒙斯先生剛問了他的客戶一個觸發情緒的敏感問題：「小時候那個自動自發、充滿熱情的女孩，後來成了怎樣的人？」

席蒙斯表示，這樣的場景年復一年，已經重演過無數次了。

凱洛和其他人類似的情緒反應，背後的原因是什麼呢？席蒙斯解釋：

……來找我求助的客戶普遍都被一種想法折磨，就是遠在他們完成學業、建立家庭、買房買車或爬上高階主管之前，就直覺的認定自己「應該」如何過日子*。

席蒙斯這樣描述他的客戶：「因為自己的愚昧或錯誤而錯過了人生真正的召喚，所以被殘留的意念煎熬著」。

換句話說，人們相信自己注定要遵循一條特定的、能夠發揮所長並感到滿足的生涯路徑，但往往無法找到。

為什麼大家會這樣想？

「召喚」的概念源自歐洲中世紀，指的是突然收到上天的旨意，要求（使徒）把畢生奉獻於傳遞基督教義。根據席蒙斯的說法，召喚的概念即使在非宗教領域也說得通，甚至持續困擾著許多現在的工作者。席蒙斯描述這樣的困擾：

……往往被自己未實現的期望所折磨，期待生命的意義能在特定時點以決定性的形式顯現，使我們得以永久免於困惑、忌妒及後悔*。

很多人覺得，即使沒有真正被「召喚」，他們的工作生活也稱不上理想。如何解決這樣的疑慮？席蒙斯以專業職涯諮商師的立場指出，著名心理學家亞伯拉罕‧馬斯洛（Abraham Maslow）的話最足以說明：

*摘錄自艾倫‧狄波頓《工作！工作！》（Alain de Botton, *The Pleasures and Sorrows of Work*）。

我們通常不知道自己真正要的是什麼，
那是一種罕見又難得的心理成就。

——亞伯拉罕·馬斯洛

你的時間
都怎麼安排？

「不清楚自己真正要的是什麼」其實是普遍而非特殊的狀況。對大多數人來說，了解這一點，可以讓我們大大鬆一口氣。

許多人會因為認清下列事實而感到安心：

- 工作的「意義」沒有單一的標準答案。
- 人生中有許多可以讓人感到滿足與圓滿的事，未必都跟工作有關。
- 我們對工作的想法以及從事某個工作的能力，會隨著年紀而改變。
- 你不是靠工作來定義你自己，除非你自己想要這樣。

我們全都可以自行決定事業在自己人生的比重，答案沒有對錯。但很多人覺得作家萊拉‧朗德絲（Leil Lowndes）在《跟任何人都可以聊得來》（*How to Talk to Anyone*）一書中的建議更有說服力，我們應該把交際對話的開頭，從陳腔濫調的「你是做什麼的？」，改為更友善的問句：「你的時間都怎麼安排？」這是更尊重別人、邀請對方定義自己的開場白。

- 在你目前的生活中，工作扮演了什麼樣的角色？

- 是職業、事業、志業、志趣，還是以上皆是？

- 工作在你目前生活中的地位，符合你心目中工作的真正意義嗎？

我們走到哪裡了？

到目前為止，我們已經討論了商業模式思維、維持生計的財務基礎，以及為何所有的組織（不論是營利或非營利組織）都需要有營生的邏輯。

我們看到商業模式思維如何幫助組織及個人重新出發，以面對不停轉變的社會、經濟及科技趨勢。

再來，我們談到如何運用商業模式圖來描述你的個人商業模式。

在本章中，你重新檢視了自己所扮演的許多重要角色、核心興趣、專長和喜歡做的事、你的主要個性傾向，同時也知道工作環境也有它所屬的「個性」，還有如何透過信任的夥伴進行自我探索，並探討工作在你生命中的意義與地位。

接下來，我們要往哪裡去？

現在，終於到了處理一個最根本問題的時候了，一個用來支撐商業模式的問題。這是個簡單卻極難回答的問題：「你的目標是什麼？」

第 5 章
認清你的人生目標
Identify Your Career Purpose

目標砥礪能力

歷史學家

亞德里安・海恩斯（Adrian Haines）相信歷史的力量。他研究所修的是中世紀歷史，畢業後一直都在博物館或相關的組織工作。五年前，他搬到阿姆斯特丹郊區去從事他夢想中的工作：與博物館、圖書館合作，協助出版商設計並發想新型態的歷史書。然而隨著日子一天天過去，有兩件事始終困擾著他，讓他警覺需要翻新自己的生涯模式。

首先，他的雇主對數位出版及社群媒體始終裹足不前，讓他深感挫折；其次，他妻子想念城市生活，渴望搬回市區居住。

接著，亞德里安發現國立圖書館正在招募「數位化專案主管」，他覺得這個職位完全符合他的專業和興趣，不過他也知道自己缺乏在大型官僚體制下工作所需要的管理技能。於是，他向論壇成員馬克求助，全盤思考自己的個人商業模式。

馬克首先觀察到，亞德里安太專注於細節，特別是他很在意自己是否有專業及管理技能來從事新職務。於是，他建議亞德里安把重點放在目標和價值主張上面。

幾經思量，亞德里安認清他的價值主張以及真正的熱情所在，就是「將歷史從束諸高閣的博物館和圖書館解放出來，讓任何人都能分享」。這樣的深刻見解，讓他看清了自己為何會對目前雇主感到沮喪，同時也精確描述了他一向秉持的信念：歷史不僅能透過印刷或實體物件被欣賞，也可以經由數位媒體被傳達。

在亞德里安準備要應徵新工作時，馬克鼓勵他要強調的是，他的目標和圖書館的需求有多麼契合，而不要太強調技術層面。亞德里安透過他個人的商業模式圖，認清他重新提出的人生目標開啟了許多自我成長的可能性。例如，從以往到現在，他有很多客戶都是博物館，所以他有一個強大的人脈網絡，讓他可以在中型或大型博物館謀得管理階層的職位。

在本書要出版時，亞德里安正要去面試新職位。無論他最後會走上哪一條路，他都已經真正懂得「目標可以砥礪能力，讓能力發光」的道理。

當你著眼於價值和目標，而不是技術與能力時，你會驚訝地發現，在你的專業上有許多可能性可以選擇，而這正是你轉換跑道的起點。

不是只有你自己

人物：

創業家

〉案例1

在台灣的求學過程，我的成績始終不是很好，因為不喜歡「照老師教的方法解題」。大學念的是應用數學，但對工作上的幫助幾乎是零，唯一有用的，反而是在辯論社學到的邏輯思考。後來到美國念書、就業，跳脫框架、喜好嘗鮮的個性才覺得如魚得水。

矽谷的文化鼓勵創新，不會用年齡或階級來評斷一個人。我曾是一家半導體公司的菜鳥工程師，有一次午餐時談到UNIX工作站，由於在場只有我稍有經驗，大家鼓勵我發表，結果變成個人分享大會。這個經驗讓我體會到創新組織所需要的文化：開放、尊重與學習。

幾年後，我有了一家自己的公司，從事製造業的採購外包服務。許多製造商需要使用各種不同來源的原物料和零組件，但又養不起一整個部門來處理相關事宜。因此，我的公司就為他們提供產品搜尋及認證機制，讓他們可以輕鬆下單。這個事業的成功，關鍵在於掌握客戶需求（專業能力），並且快速回應（專業精神）。

事實上，所有創業之所以能成功都有一個關鍵點：發現還沒被滿足的需求，並設法滿足。重點在於幫助別人而不是滿足自己，在於別人需要什麼而不是你能提供什麼，在於為別人服務而不是為自己賺錢。通常創業成功的人是追求「替別人解決問題」的成就感，累積財富是次要考量，因為當你的創業動機被滿足，收入也會隨之而來。

姓名：李學昌（Frank Lee）

〉案例2

我開了一家公司，專門替想要進軍亞洲——尤其是日本——的企業做市場研究與顧問。辛苦工作了六年之後，有人要用一筆好幾百萬美元的金額收購我的公司。這對我來說，是想都沒想過的一件事，剛創業時，我壓根不曉得原來還有「賣公司」這回事。

總之，賣掉公司之後，我還掉三筆房貸，存了孩子們的教育基金，帶著全家人去旅行，然後把剩下的錢拿去做最安全的投資。但即便如此，我仍然得面對一個人生問題：這輩子，接下來怎麼過？

而且，正因為我已經卸下經濟上的重擔，不必再為了餬口而工作，這個問題也顯得格外重要起來。在尋找答案的過程中，我越來越明白一件事：工作，不只是為了賺錢、獲取財務上的獨立而已。

我相信大多數事業成功的創業家，都有同樣的體悟。我跟好多同樣賣掉公司的創業家聊過，他們出售的金額有高有低，從一百萬美元到超過四千萬美元，但沒有一個人告訴我，他們工作的最重要目的是賺錢。

通常，那種一心只想賺大錢的人，很難保持經營的熱情，因此遇到困難往往也很難撐下去。相反的，成功創業家比較關心的是如何為顧客創造價值。要知道，創業精神的關鍵不在於你，而在於你能否有效地服務顧客。

高舉人生目標的大旗！

讓我們回頭看看第2章用過的譬喻：商業模式就像工程藍圖一樣，前者引導一個事業的建構，而後者引導一個建築工程。現在我們進一步來延伸這個譬喻。

要繪製一張藍圖，建築師必須了解這個建築物的「使用目的」。比如說，建造醫院或診所，就跟建造住家及工廠截然不同，要特別設計候診區、檢驗室、大量的洗手檯和盥洗室，以及用厚重牆壁隔間的儀器室（例如X光室）。

同樣的道理，釐清「目標」對創建一個組織或一家公司也極為重要。組織成立的目的或宗旨，引導著商業模式的設計。在商業模式圖以外，目標是最關鍵的要素，同樣的，它也存在著一個明顯的限制：沒有一種組織或一棟建築物的設計，能夠適合所有人或所有用途。

個人商業模式也是一樣的道理，修正或重建個人商業模式，首先必須釐清背後的目標，讓它從高處引導你，協助你高舉人生目標的大旗。

如果你的工作和人生目標無法一致，就只是把問題搬到另一張辦公桌而已。
——布魯斯・赫茲（Bruce Hazen）

反之，工作與人生目標一致，不僅能讓職涯突飛猛進，還能從中得到滿足。

從何開始

在前面「創業家」的人物側寫中，李學富認為自己的創業精神在於為他人服務。我們也建議你：人生主要目標應著眼於幫助他人。成功的創業家都知道，即便創業目的是在累積財富，也需要透過銷售「能夠幫助他人」的產品或服務來達成目標。

話說回來，你要如何認清並形塑你的首要人生目標呢？接下來的三個實驗，可以幫你回答這個關鍵問題。

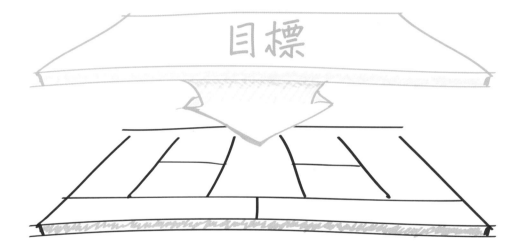

寫下你的封面故事！

這個練習是由視覺思維領域的專家
大衛・斯貝特（David Sibbet）所創立*，
挑戰參與者的想像力，
以協助他們把人生目標
及核心興趣連結起來。

想像一下兩年後的今天，有一家主要媒體用你當封面人物，
大篇幅報導你的故事，並刊登你笑容滿面的照片……

1. 這是哪一家媒體？它可以是實體的
   雜誌、報紙，或是一個人物專訪的
   電視節目。

2. 這會是怎樣的一個故事？你的角色
   是什麼？

3. 引述並寫下出自這篇專訪的一些重
   要片段，除了摘錄之外，你也可以
   配上該報導的照片或圖表，以圖文
   並茂的方式呈現。

這個練習對三人以上的小組特別有
用，因為大家可以一起分享和討論每
個人的封面故事。

*取材自《畫個圖講得更清楚》（*Visual Meeting*），作者 David Sibbet 授權轉載。

雲端管理平台創辦人

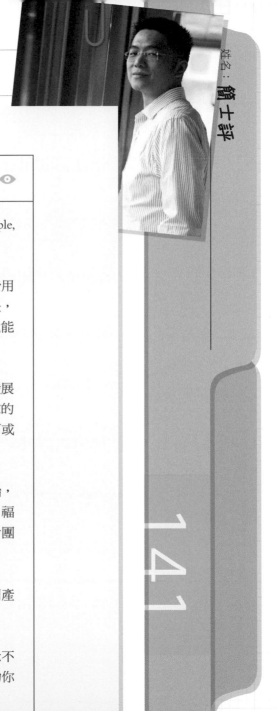

你的封面故事　◉

1. 我接受《哈佛商業評論》採訪，談成功建立「人聯網」（intertnet of people, IoP）的經過，將與人相關的各種工作與生活需求連結在一起。

2. 目前台灣近六成企業都忽視管理系統的重要性，但大型管理模組所需費用驚人。通常只有大企業用得起，98%的中小企業很難有升級機會。於是，我和朋友創立「華雲」（2017年更名為Mayo），目標是讓企業不花錢就能使用最先進的管理模組，並透過app實施行動管理。

   從開始提供人員資料庫起，陸續推出企業入口網站、招募服務，進而發展出員工福利、團購等社群功能，最後串聯成一個可以滿足員工各項需求的 IoP 體系。目前這個平台已占據80%企業工作者的屏幕，成為他們不可或缺的工具。

   我設定的商業模式，從免費提供基礎管理架構來快速擴大企業會員開始，藉由系統平台導入顧問服務及各專業模組年費（如招募、薪資、訓練、福利等）來獲利。隨著會員人數到一定規模，開始經由多樣化服務（包含團購、訂餐、廣告等）增加多元化收益。

3. 「簡士評實現了許多意想不到的創新模式，顛覆了整個人資管理相關產業，為這個封閉已久的領域開啟未來。」

   「世界上最可怕的事，不是你遭遇的挑戰有多麼艱巨，而是你失去信念不再前進。只要你真正想完成一件有意義的事，自然會有貴人出現，幫助你走到目的地。」

三大關鍵問題

這是另一個適合小組互動的練習，
參與者可以寫下自己的答案，
然後分享並討論。

1. 回想那些讓你有自我實現感的時刻（可參
   照99頁「生命歷程探索」的練習，協助喚
   起記憶），當時你在做什麼？為什麼你的
   感覺這麼好？盡量精確地描述這些感覺。

2. 說出一個或數個你的人生典範或偶像。
   你最佩服誰？為什麼？寫出幾個能貼切
   描述對方特質的字眼。例如，如果你的偶
   像是南非領袖曼德拉，你可能會用仁慈、
   堅毅、名氣與地位來描述他，這些特質可
   以為你所珍視的人生價值提供線索。由於
   每個人看自己或看別人的角度與觀點都
   不同，即使同一個典範人物，也會出現不
   同的描述方式，由此可以看出每個人獨特
   的價值觀。

3. 假如你離開人世，你會希望你的朋友如何
   追念你？你會希望他們提及你哪些事？把
   這些事寫下來。

人物：

資訊技術講師

練習：

三大關鍵問題 👁

問題1：
在軟體公司上班，讓我很有成就感，尤其是在訓練同事與夥伴時。我可以分享我學到的知識，同時也能從他們的經驗中學習，彼此教學相長。

問題2：
我想效法的榜樣是巴西的小兒科醫生齊爾達・阿恩斯（Zilda Arns）。她在2010年的海地大地震中不幸罹難，她的仁慈、修養與奉獻，為世人所景仰。

問題3：
我希望朋友們覺得我是個有幽默感、認真、熱情與誠實的人；是一個愛家、願意傾聽、勇敢面對人生挑戰，而且願意探索生命意義的人。

你的樂透新人生

一個平凡的早晨，
快遞送來厚厚的法律文件，
裡面藏著震撼與驚喜：
超有錢的怪咖叔叔去世了，
留給你五十億台幣的資產，
但前提是你得先滿足兩個條件
才可以取得並支配這筆錢。

怪咖叔叔的律師打電話給你，要你辭去工作，
並分別用一年的時間完成兩個任務。
這兩年間，你每個月都會拿到一筆生活費及完成任務所需的費用，
例如旅遊及教育支出。
在第一年底，你會收到第一筆台幣二十五億的現金，
第二筆的二十五億將成立信託基金，
以協助你完成第二個任務。

1. 第一年、第一個任務

把整年的時間拿來學習新事物。但不是回到學校接受正規教育，而是單純地集中所有時間及精力，有目標地學習新事物。所以，你想學什麼？你希望如何開發及拓展你自己？

2. 第二年、第二個任務

找出一個贊助的對象。你有一年的時間可以去調查、參與並選定一個你真正關心的公益主題或專案，能夠為你所在的社區、城市、國家、生態環境或甚至全世界提供人道援助。在第二年年終時，你必須捐出二十五億的信託基金給你選定的對象。你選出的贊助目標是什麼？

—— 尾聲 ——

你的全新人生從第三年開始

完成這兩個指定的任務之後，接下來你想要過什麼樣的生活呢？擁有二十五億元，你想住在哪裡？跟誰一起？你會如何運用你的時間？從事什麼活動？會想努力達成什麼目標？

人物：

追尋者

練習：

打造全新的人生 👁

我想要學的新事物

我受到印度哲人斯瓦米·拉瑪（Swami Rama）的啟發，正如他在著作《大師在喜馬拉雅山》（*Living With the Himalayan Masters*）中說的：「拋開塵俗，踏上靈修之路吧。」我想做的是：

- 學好葡萄牙文，到巴西住一陣子。
- 學習如何把多年來的想法，寫成一整套書，然後賣出去。
- 學習透過多媒體——影片、網頁、部落格、音樂等等——說故事。
- 鍛鍊好身體，每週騎車三次、做瑜珈、跳舞、調整飲食。

我要展開的計畫

我常常在想：要如何拋開身外之物，活出真正的自己？後來我接觸了克里希那穆提（Jiddu Krishnamurti）的作品，這位印度哲人在東方與西方都受過教育，我認為他對於社會變遷、人際關係的主張，應該讓世界上更多人聽到。因此，我決定加入「克里希那穆提基金會」，一起推廣他的理念。

這輩子，接下來要做什麼？

接下來的第三年起，我會在里約熱內盧買一棟小房子自住。我的葡萄牙文會明顯進步，足以幫助想要進軍美國市場的巴西企業，我會用剛學會的說故事技巧，與他們建立合作關係。閒暇時間，我會去當義工，幫助窮苦的巴西人改善他們的生活。

你已經找到了很多素材，可以協助你找出你的人生目標，現在就可以開始了！

目標陳述：描述你的人生目標

想像你是個財務獨立、生活無虞的人，準備開始完全依自己選擇的方式生活。請按照右邊三個欄位的說明，列出你對這個新生活的想法。

做什麼事（Activities）

寫下三或四件你最能樂在其中、專注心力去做的事。

跟什麼人（People）

寫下幾個你最願意花時間相處的人或團體。

如何提供協助（Helping）

用三或四個動詞來精確描述你將要如何幫助別人。

把前面三個欄位中使用到的語詞結合成一個句子，做為描述你人生目標的基礎： **「我想要經由做什麼來幫助這些人」。** 接下來，把146-147頁的練習答案填在下表中，你最有感覺的動詞和名詞要先寫下來。

我想要	經由做什麼（動詞）	幫助（動詞）	什麼人（名詞）

完成了！現在你創造了一些有力的句子（雖然可能看起來有些怪，但不必太計較文法，內容更重要），指向一個真實且令人滿意的目標，你可以把它當成第一版的人生目標宣言。你可以修改這些句子、重組或置換一些語詞，但至少你現在有概念了。

下面是個人商業模式研討會的一個會員所完成的初步表格，
他形塑的人生目標如下：

我想要	經由做什麼（動詞）	幫助（動詞）	什麼人（名詞）
協助	激勵	煩躁不安的專業人員
組織	支持	社會新鮮人
扶持	理解	年輕的創作者
分享	記得	我的英雄

因為是從職業的觀點來形塑她的人生目標，所以她沒有把自己的夥伴（她最重視的人）寫在「什麼人」的那一欄，而是聚焦在自己的職業所服務的對象。雖然這些句子看起來似乎沒有太大意義，但隱含的訊息卻十分明確有力。右邊是經過她修飾彙整後，得出的人生目標：

我想去激勵與支持那些煩躁不安的專業人員及年輕創作者，協助他們改善生活。

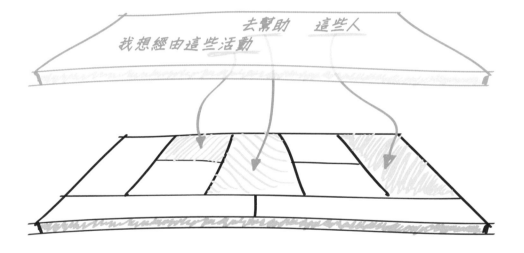

實現你的人生目標

你可能已經注意到，
描述人生目標的做法和個人商業模式圖很類似：

「幫助」等同於「價值提案」
「什麼人」等同於「顧客」(包括同事)
「做什麼事」等同於「關鍵活動」

想要調整你的個人商業模式，你所描述的人生目標是一個關鍵步驟。
首要之務是，釐清你(內心真正)想從事哪些**活動**來傳遞哪些**價值**給哪種**顧客**。

對那些還沒準備好為一個偉大目標而費心的人，
不管他們的工作看起來有多麼微不足道，
都應該全心把手上的任務做到最好。
唯有透過這種方式，
才能心無旁騖地聚焦，
展現果決力與能量。
一旦能夠做到這個地步，
就沒有什麼事情無法完成了。

——詹姆士・艾倫《我的人生思考》（James Allen, *As a Man Thinketh*）

如果無法找出人生目標，該怎麼辦？

碰到這個狀況時，首先要知道：不是只有你如此，很多人都跟你有一樣的困擾：

只有3%的人有勇氣
去探索他們的夢想。*

其次，全心全力做好手上的任務，同樣也可以獲得成就感及滿足感。

不斷變動的人生目標

催生這本書的聯合創作者，幾乎都有過這樣的經驗：他們發現，每隔幾個月，他們從本書練習所得到的結果都會有所不同。

認清人生目標會隨著時間及其他因素而變動，這是好事。生命本來就有不同階段：二、三十歲的人所關心的事情（成家立業），當然跟五、六十歲的人（看著孩子長大成人、留下人生典範等）不一樣。另一個改變人生目標的主要原因，則是人生重大事件（包括結婚、離婚、生產、生病、死亡、轉換跑道、創業……）。最後一點，即便我們的核心興趣和能力已經定型，它們的表現形式仍會隨著時間而改變，例如傑出的運動員退休後改當球評或教練。

郭瑞承是本書的聯合創作者之一，他指出「目標陳述是一項需要不斷修正的工作」，他建議將還在發展階段的人生目標存檔，在邁入不同的人生階段或是觀點有所改變時，持續更新。

目標 vs. 目的

我們一生中會立下許多短期、中期、長期目標，但有多少人會真正抱持著一個為其奮鬥一生的終極目標呢？

終極目標不同於那些有期限的目標。關於這兩者的差別，日本創業家松本大在建議組織長期方向時，用了一個傳神的比喻：「把眼光放在北極星，而不是北極！」

松本大的看法是，北極星代表一個組織的願景：持續將每個人的努力引導到共同方向的力量；而「北極」則是代表一個必須完成或到達的目標，且一旦達成就會不斷地被新的目標取代。

企業創新顧問史蒂芬・夏畢洛（Stephen Shapiro）在《慢活人生》（Goal-Free Living）一書中，也把類似的觀點應用在個人生活上。夏畢洛鼓勵讀者「使用指南針而非地圖」，以及「漫遊要有目的」。此一概念在於保持方向感，而不是一定要到達某個目的地，如此才能在前進時蒐集新資訊，並據以確認或修正（人生）方向。

*資料來源為 Carmine Gallo, The Innovation Secrets of Steve Jobs。

看看BMY共同創作者的人生目標是什麼！

我希望可以幫助各專業人士、企業家以及學生追求合資企業與各項目。通過明確、優化及強化他们实现目标的努力。我為他们的顾问、教练或合作者。

郭瑞永

Laurence Kuek Swee Seng
Malaysia

Me gustaría ayudar a profesionales cualificados con problemas de empleabilidad, con pocos conocimientos empresariales y habilidades de gestión, a repensar su futura vida profesional y reiniciar su carrera.

FERNANDO SÁENZ-MARRERO

Fernando Sáenz-Marrero
Spain

To open dialogue to expand a person's capacity to love and be lovable.

Kat

Kat Smith
United States

I will help the {UNDERVALUED + UNDERPRIVELEGED} become EMPOWERED to improve {THEIR OWN + OTHERS'} lives through mentoring, collaborating and birthing innovative impact-ful solutions.
-E

Emmanuel A. Simon
United States, via Trinidad and Tobago

I'D LIKE TO SUSTAIN COMPANIES AND ORGANIZATIONS THROUGH THE INNOVATION OF BUSINESS PROCESSES.

— MICHAEL ESTABROOK

Michael Estabrook
United States

My purpose is to evolve the female entrepreneur so that she may turn her intellectual capital into multi-generational wealth.

Kadena Tate

Kadena Tate
United States

Ik help ondernemers, investeerders businesscoaches en consultants bij het ontwikkelen van succesvolle bedrijven door complementaire ambities, netwerk en ervaring te verbinden èn te faciliteren

Marieke Post, "Ambition Angel"

Marieke Post
Netherlands

Me levanto todos los días, para revolucionar el mundo a través del diseño de experiencias extraordinarias e innovadoras que cambien para bien la vida de las personas. Para lograr esto es vital enseñar a la gente que la felicidad precede al éxito. Al final es acerca de hacer felices a otros.

Alfredo Osorio Asenjo
Chile

嚴格的考驗

你能主動並充滿自信地將自己的人生
目標與他人分享嗎？如果你缺乏信心
或感到害羞，那就表示你還有很多努
力的空間。

一旦你釐清你的人生目標（或至少已經有個大方向），就可往前邁入下個階段：「修正」階段，並把剛出爐的人生目標當成指引，找出翻新個人商業模式的可行性。

修正

運用個人商業模式圖及前面幾章得出的資料，
調整或重建你的工作生涯。

第 6 章

準備開始重塑自我

Get Ready to Reinvent Yourself

攝影 Paresh Gandhi

山景城（加州 Google 總部）
一屋子 Google 員工高舉雙手站著，左右搖擺著身子。講師剛剛要求他們，如果在下列投影片中的任何敘述符合自己的內心獨白，要用這種方式表示。

你思索著未來何去何從，忽然一個念頭冒出來：「這輩子就這樣了嗎？」讓你覺得很不舒服。

□是　□否

你總是計畫著要走上自己人生的正軌，但是你也總會告訴自己：「等我手上的案子忙完」、「等我母親康復出院」、「等小孩都懂事了」、「等我老婆找到工作」……

□是　□否

你評估所有事情，都是以你自己為中心。假如你的另一半找到一份好工作，你會想這是否會影響到你們的關係；假如你的上司被炒魷魚，你想的是你能否坐上那個位子，或是該如何跟新上司相處。

□ 是　　□ 否

「創造力與自我超越」專家斯瑞庫瑪·勞歐（Srikumar Rao）2008年在Google的一場演講中，以極具感染力的笑容繼續解釋，我們是如何活在喋喋不休的內在自我對話中，這種對話會強化我們用來理解世界運作的「心智模式」。看著聽眾聳肩、斜眼、搔頭等等不以為然的動作，他只是理解地點頭並繼續說道：「你們全都活在一個夢中的世界。」

低語聲如同漣漪般在聽眾中散播開來。

「你整個人生，包括你正在經歷的現實，」他說，「都是你說給自己聽的一系列故事，而且你還在持續地說著。」

語畢，幾位學員顯然發現手機上有緊急訊息而離開了，但大部分的人還留在房間裡。四十分鐘後，不少人離開時已經徹底改變了他們的人生觀。

扭轉你的
觀點

勞歐認為「學會在力爭奮鬥時仍保持沉穩，非常重要」，他聲稱他的主張並非原創。他所表達所陳述的，全都來自千百年來的心靈哲學傳統，這些全是用以處理人類問題的基本原則。

或許，這就是為什麼他的話會讓 Google 員工（這家公司正好是現代科技的翹楚）覺得刺耳的原因。即便在光速的數位時代，形塑我們生活與工作的，似乎依然是那些恆久不變的人性因素。

而當我們準備要調整個人的商業模式圖時，這些人性因素是必須好好處理的。每個人都渴望從那些帶來挫折感的內心對話中解脫，誰不曾夢想過重新形塑自我呢？

讓我們從一個美麗的實驗開始，這個實驗最早是由英國哲學家伯特蘭‧羅素（Bertrand Russell）在二十世紀初提出。

想像二十個人同時從不同方向觀察一張椅子(A)，每個人都對這張椅子有不同的看法。

有些人眼中的椅子是(B)，也有人看到的是(C)，高個子的人可能看成(D)。換句話說，對同一張椅子，二十個人可能會有二十種不同的看法。

那麼，所有這些看法都正確嗎？沒錯！

可是，如果他們都對，到底哪一個才真的是這張椅子呢？

真正的答案是？以上皆非。每一種看法都只是代表這張椅子的一個角度，而非這張椅子本身。當椅子本身做為一個單獨的存在時，人們對它的體驗各自截然不同。

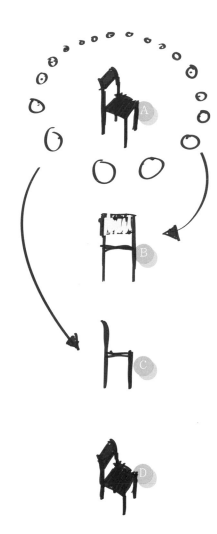

事實上，我們對這張椅子的理解（perception），影響我們的程度超過椅子本身。因此，對椅子有意義的經驗只是基於一個象徵（亦即我們的看法），而非其實體。

羅素的主張是，我們永遠無法看見或知道這張椅子完整的實體——即使我們知道這個實體確實存在。我們的知識始終受限於我們的觀點。

然而，如果你繞著椅子走一圈，在每個人的後方停留一下仔細看，就能看到這張椅子的不同角度，因而有了全新的**觀點**。

所以，倘若二十個人對同一張椅子有二十種不同的**觀點**，只要你移動位置、轉個視角，就能改變你原來的觀點。

簡言之，你可以運用換位思考的力量，來重新設想現實。

意念的力量

重點來了：重新設想現實，可以改變現實。

你所認知的任何事情，包括你的職涯、你的愛情、你的家庭和朋友，未必是真正的現實，而只是你對現實的「理解」。這個理解只代表現實的一種可能性，只是我們觀看椅子的幾十種不同觀點之一而已，不是獨一無二的實相。

問題在於，我們總是假設我們所理解的實相（如同內在對話一再強調的：「我的事業面臨失敗」、「老闆討厭我」、「忌妒我的同事爭功諉過」等等），就是真正的現實。

顯然，我們感官所體驗的這個世界不是真實的，而是如同勞歐在《*Are You Ready to Succeed*》一書中所說的：

我們創造了這個世界，我們一磚一瓦把它建造出來。我們按照我們的心智模式（mental model）設想出世界的模樣，然後再聽命行事地在其中生活。自此之後，我們照常過日子，未曾了解我們的心智模式只是建構在某種看法上，並非真相與事實。

超越
心智模式

當你準備重建個人商業模式時,練習不自我設限的開放式思考是很有用的。你可能對接下來的練習很熟悉,它可以協助我們開始思考心智模式(內在的認知歷程、預設立場)為何無法有效運作。

拿一枝鉛筆把右圖九個圓點畫在一張白紙上,或直接使用右圖也可以。

1. 把九個點連起來
2. 最多只能畫四條直線
3. 鉛筆不能離開頁面(即一筆畫到底)
4. 可以從任何角度畫線
5. 完成時,每個點必須有一條直線穿過

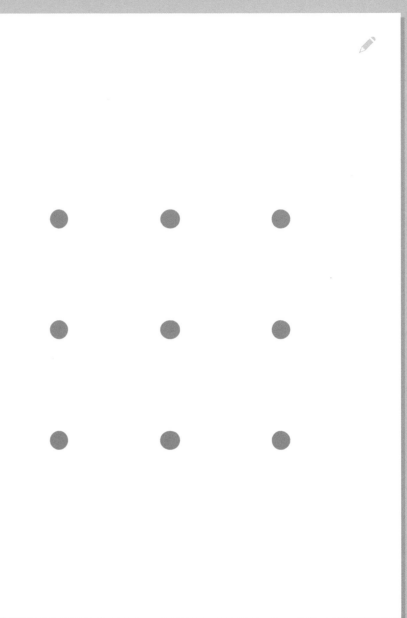

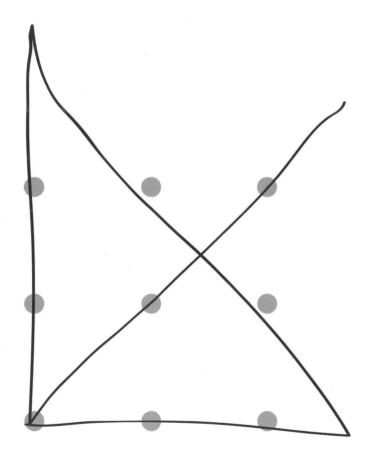

解答關鍵就是：「跳出思考框架。」

大多數人對這個題目的預設立場（即我們的心智模式）是：把線畫在九個點圍起來的框框之內（結果不論怎麼組合，都會有一、兩個點串不起來），而沒有想到線可以畫出框外。就像山德爾夫婦（Benjamin and Rosamund Zanders）合著的《A級人生》（*The Art of Possibility*）一書所說的，這種限制是自己編造出來的：

人類心靈的框架定義並限制了我們對可能性的認知。我們生活中所面臨的任何問題、任何困境、任何絕路，都是因為在一個特定框架或觀點之下才顯得無解。把限制放寬，甚至用現有資料另創思考架構，問題就會消失，並出現新機會。

這裡有另一個「扭曲現實」的謎題。

加一條線,讓右圖變成正確的等式。

有個簡單做法是在等號上加一條斜線,讓它變成「不等式」。除此之外,還有一個很合理的解答,你想得出來嗎?

$$5 + 5 + 5 = 550$$

$$5 \triangleleft 5 + 5 = 550$$

要把「現實是創造出來的」這個概念，歸類為只是新世紀心靈學派的無稽之談，當然很容易。但是，先別管客觀來說是否真實，重要的是，這個概念確實有用。

勞歐另外還建議了一個練習，可以幫你處理那個不怎麼有用的心智模式（你對現實的認知）。

編輯的辛酸

1. 拿出紙筆，給自己至少10分鐘可以安靜獨處的時間。
2. 現在，想像一個困擾你的狀況，將它寫下來。
3. 參考本頁安珀·劉易斯（Amber Lewis）的範例。她是職涯策略工作坊的會員，看看她如何描述碰到的狀況，並試著想像出一個新的「現實」。

我們公司雇用的寫手不尊重我。他們寫的故事一直出現同樣的問題，即使我不斷用電子郵件向他們解釋如何避免這些問題，以及處理這件事的重要性，他們就是漠視我的指導。也許是我太年輕還不適合坐上編輯的職位，又或許我根本不是擔任領導者的料。

任由這種內心對話一再強化的結果，安珀在「寫手一再出現問題」的處境上建構了以上的「現實」，日積月累下更堅信不疑。

當這種狀況發生時，就是該想出另一種「現實」的時候了。新的「現實」必須可以解釋同樣的處境，但會讓你更好過。

以下就是安珀想像出來的另一種「現實」：

有些寫手剛進公司，可能還需要適應我們的編輯風格和工作量。此外，我只用電子郵件跟他們互動，這種線上溝通可能很容易造成誤解或抓不到重點。

勞歐強調，另一種「現實」應該具備以下兩個條件：

1. 要能讓你的感受變好；
2. 是你認為合理、能接受的。

一旦你選擇了合理的且更好的替代方案，放棄你早先的認知，就會接受新的想法並活在新的現實裡。

勞歐表示，當你活在新的現實裡，立即會從每個細微證據裡感受到它是有用的，並且安心下來；同時也會自動忽視相反的證據。如果你覺得自己好像在演戲，沒錯！人生如戲，最終你會成為你自己想要扮演的那個角色。

為了接受新的現實，安珀決定跟寫手們一一碰面，說明公司的寫作風格、回答問題、澄清電子郵件難以說明或處理的議題，並提供指引。結果？真實的處境真的非常接近安珀先前設定的新現實。

創造
更好的明天

把個人的商業模式圖當作重新認識現實的一個工具，可以讓自己過得比以前更好，但你也要記得，重新定義個人商業模式有可能會帶來一場混亂。一方面，跟組織相比，個人有更多工作以外的優先事項，以及更少的明確目標。但即便是組織（有更少工作以外的優先事項、更多的明確目標），同樣也會為商業模式創新而焦頭爛額，就像《獲利世代》一書所說的：

挑戰……在於商業模式創新始終是漫無頭緒且無法預測的，即使企圖導入一個程序也一樣。它必須有面對渾沌、不確定狀況的能力，直到一個好的對策浮現……參與的人必須願意投注大量的時間精力來探索許多的可能性，並避免太快採用一個解決方案。

第 7 章

重新繪製個人的
商業模式圖

Re-draw Your
Personal Business Model

圖片提供 World Resources Institute Staff

姓名：**艾爾．高爾**
（Al Gore）

把「弱點」變優勢

人物：

綠色大使

政治上的他，未必人人喜歡，但這位美國前副總統是我們這一章絕佳的例子。因為不管是重新檢視人生目標、觀點或身分認同，他確實成功做到了全盤翻新個人商業模式。

高爾的自我改造，開始於他在2000年美國總統大選落敗之後。當時，他贏了超過50萬的選民票，卻在佛羅里達州一場因些微差距而重新計票的法律爭議中，被最高法院裁定輸給對手小布希。公職夢碎的高爾感嘆：「政治已成為需要容忍詭詐及操弄溝通策略的事務了。」他成立了電視聯播網Current TV，決心要讓「電視民主化」。其使用者自製內容（user-generated content, UGC）的商業模式，在2002年的有線電視市場成了革命性創舉。基於長久以來對環境議題的熱情，高爾又創立了一個基金會，專門投資有志於經濟與環境永續發展的企業。

2006年推出以全球暖化為主議題的環保紀錄片《不願面對的真相》（*An Inconvenient Truth*），為高爾的生涯帶來高峰，同時也贏得了奧斯卡金像獎最佳紀錄片。身為政治人物，高爾奮鬥了30年宣揚臭氧層對地球的破壞，並沒有獲得多大回響，而一個全新的個人商業模式卻讓他達成了目標，不僅引起全世界注意，也讓他轉型為引導環境議題的一顆耀眼超級巨星。

高爾成功翻新個人商業模式有幾個因素：

· 重新聚焦於核心興趣：高爾對環境議題的熱情，原本是政治人物的弱項，卻成為他非官方公民身分的最大優勢。
· 幫助更多客戶：高爾把他的客戶群延伸到美國以外的地區，還有非政治性的新部門。
· 採用新通路：影片、DVD和出版品，把高爾的價值主張從服務轉換為產品，因而可以接觸到更多人。

高爾的個人商業模式轉換

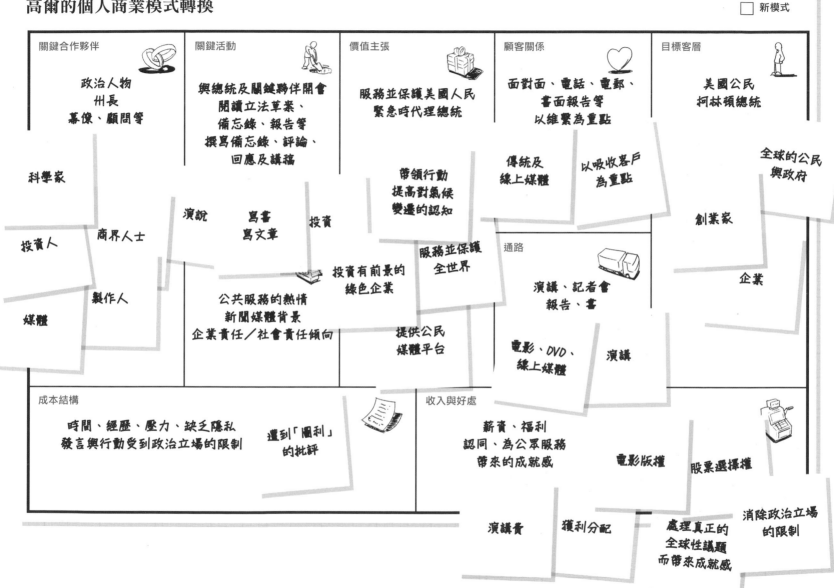

新模式

關鍵合作夥伴
政治人物
州長
幕僚、顧問等

科學家
投資人　商界人士
製作人
媒體

關鍵活動
與總統及關鍵夥伴開會
閱讀立法草案、
備忘錄、報告等
撰寫備忘錄、評論、
回應及講稿

演說　寫書　投資
　　　寫文章

公共服務的熱情
新聞媒體背景
企業責任／社會責任傾向

價值主張
服務並保護美國人民
緊急時代理總統

帶領行動
提高對氣候
變遷的認知

服務並保護
全世界

投資有前景的
綠色企業

提供公民
媒體平台

顧客關係
面對面、電話、電郵、
書面報告等
以維繫為重點

傳統及　以吸收客戶
線上媒體　為重點

通路
演講、記者會
報告、書

電影、DVD、　演講
線上媒體

目標客層
美國公民
柯林頓總統

全球的公民
與政府

創業家

企業

成本結構
時間、經歷、壓力、缺乏隱私
發言與行動受到政治立場的限制

遭到「圖利」
的批評

收入與好處
薪資、福利
認同、為公眾服務
帶來的成就感

電影版權

股票選擇權

演講費　獲利分配

處理真正的
全球性議題
而帶來成就感

消除政治立場
的限制

重新繪製你的
商業模式圖

接下來的五個步驟，將運用一組關鍵的設計工具，協助你把第4到第6章所得到的見解加以運用，引導你創造一個全新的商業模式圖。

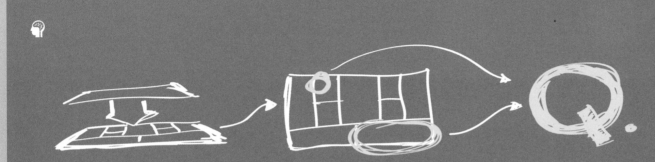

1.依現況繪製你的商業模式圖

還記得你在第3章繪製的版本嗎？把它畫在右頁或另一張紙上。這次要以你的人生目標來做為指引，所以你應該更有把握地清楚描述「你是誰」、「你要幫的是哪些人」，以及「你如何幫助他們」。

2.找出痛點（Pain Points）

你的職場生活有哪一部分「受傷」了？在你畫好的商業模式圖上，圈出你覺得不滿意的格子。

例如，如果你想賺更多錢，就把「收入」這格圈起來；又比如你不喜歡做行銷業務，但它卻是你最重要的活動之一，就把「關鍵活動」這一格，以及跟「行銷」有關的字眼都圈起來。

3.用問題來診斷

接下來，依據你圈出來的項目，用180-185頁所附的問題來自問自答。其中有些題目可以找出問題所在，有些則指出可能的機會。參考「解決問題的起點」的提示，看看你可以採取什麼行動。

個人的商業模式圖

誰能幫你
（關鍵合作夥伴）

你做哪些事
（關鍵活動）

你是誰＆你擁有什麼
（關鍵資源）

你如何幫助（顧客）
（價值主張）

你如何（與顧客）互動
（顧客關係）

別人是怎麼知道你的
你透過何種方式服務
（通路）

你要幫的是哪些人
（目標客層）

你要付出什麼
（成本結構）

你會獲得什麼
（收入與好處）

診斷問題

你是誰 & 你擁有什麼
你做哪些事

問題	解決問題的起點 ✎
你對你的工作感興趣嗎？	若是，很好！若否，可能是**關鍵資源**（你是誰 & 你擁有什麼）和**關鍵活動**（你做哪些事）根本不相符。 你也可能需要重新思考你的人生目標。參考第 4 章和第 5 章。
你沒有發揮（或只是低度運用）你重要的專長與能力嗎？	專長及能力被忽略或低度運用，會產生壓力或不滿等情緒**成本**。 你能夠增加運用這些專長的**關鍵活動**，以提升你的**價值主張**嗎？ 參考第 4 章和第 5 章，找出為什麼你的專長沒有發揮。
你的個性傾向跟你的工作環境合拍嗎？ （記住，這裡的「工作環境」主要是指一起工作的人） 你的個性傾向跟你的工作內容相符嗎？	若是，很棒！若否，請考慮去找適合你個性傾向的新**顧客**（或**關鍵合作夥伴**）。目標顧客跟**價值主張**息息相關，所以也要檢視 182 頁「你如何幫助顧客」的診斷問題。 有需要的話，可再看看第 4 章，確保你的個性和工作內容是一致的。

你要幫的是哪些人

問題	解決問題的起點
你樂於服務現有的**顧客**嗎？	若是，很好！若否，想像一下你「理想」的**顧客**具備了哪些特質。你能在目前的工作領域發現這樣的人嗎？如果不能，考慮修正你的商業模式圖吧！
你最重要的**顧客**是誰？	說明為什麼這個**顧客**如此重要，他帶來的是直接利益或間接利益？還是兩者都有？適合為他提供新的或獨特的**價值主張**嗎？
這個**顧客**真正需要完成的任務是什麼？他有沒有更上層的理由或動機需要用到你的服務？比如說，你的直接**顧客**是為另一個更大、任務更重要的**顧客**提供服務。	你是否可嘗試重新設想、重新定位或修正你的**價值主張**，以協助你的**顧客**成功達成更大的任務？
服務這個**顧客**所費不貲嗎？伺候這個**顧客**讓你抓狂嗎？	服務這個**顧客**的**成本**（包括間接成本），是否高到很不值得？**收入**（或**好處**）是否太低？放棄（或不放棄）這個顧客的後果，你能承擔嗎？檢視**價值主張**、**成本**及**收入與好處**相關的診斷問題，以找出答案。
你的**顧客**是否把需要完成的工作（job-to-be-done）和**關鍵活動**混為一談了？你自己呢？	有時候**顧客**自己未必能清楚界定什麼是需要完成的工作，你能幫他們界定清楚嗎？你是否能重新定義或修正**關鍵活動**以大幅提升**價值主張**？
你需要新的**顧客**嗎？	若是，考慮把你的**顧客關係**從維繫（retention）改成吸收（acquisition）。你需要進行更多行銷或業務活動嗎？有必要增進這方面的能力嗎？是否需要找個能幫你吸收新**顧客**的**關鍵合作夥伴**？

你如何幫助顧客

問題	解決問題的起點
你提供的服務有哪些元素被**顧客**視為最有價值？	問**顧客**這個問題，他的回答可能會出乎你意料。 把上一頁的顧客診斷問題再想一遍。
你的**價值主張**能否幫**顧客**處理他們最重要、最需要完成的工作？	你是真的了解，抑或只是臆測這些工作？ 你能重新設想、重新定位或修正你的**關鍵活動**， 讓它更聚焦在**價值主張**上嗎？
你能透過不同的**通路**來傳遞**價值主張**嗎？	你的**顧客**偏好現有的**通路**嗎？ 你能調整**價值主張**去適應其他不同的**通路**嗎？ 你的**價值主張**能否從服務轉為產品， 以建立一個規模化的商業模式？
你樂於傳遞你的**價值主張**給**顧客**嗎？	若是，很好！若否，請重新檢視**關鍵資源**並考慮大幅整修你的商業模式。

別人是怎麼知道你的 & 你透過何種方式服務

你如何與顧客互動

通路問題	解決問題的起點
顧客透過什麼途徑找到你？ **顧客**如何評價你的產品或服務？ 你能否讓**顧客**以他們偏好的方式購買？ 你如何遞送你的產品或服務？ 你如何確保售後滿意度？	你是否明確知道該如何幫助**顧客**，並據此跟他們溝通？ 有什麼新方法可以增進**顧客**對你的認知或鼓勵評價 （例如社群媒體或線上簡報等）？ **顧客**是否能用他們偏好的方式購買你的服務或商品？ 你能否提供不同的購買方式？能否使用新的或不同的媒介遞送 （DVD、播客、影音、面對面）？ 有無**關鍵合作夥伴**可以幫你做這些事？ 你詢問過**顧客**對產品或服務的滿意度嗎？
你透過哪種**通路**來建立**顧客**對你的認知並傳遞**價值主張**？ 你是否直接向**顧客**提供服務？	是否可能將服務轉換成產品，以便遞送給更多的**顧客**？ （這是建立一個規模化商業模式的關鍵）

顧客關係問題	解決問題的起點
你的**顧客**期待你建立並維持的是哪種關係？	你跟**顧客**溝通是用他們偏好的方式，還是你自己偏好的方式？ 考慮增加、刪減或加強某些溝通方式。
對你來說，**顧客關係**的主要目標是維繫舊顧客或吸收新顧客？	如果主要目標是維繫，那麼你的**關鍵活動**是否要包括衡量顧客滿意度 （倘若滿意度低，請參考**價值主張**的診斷問題）？如果主要目標在吸收 新顧客，你是否需要增加一兩項與業務或行銷相關的**關鍵活動**？
建立或加入使用者社群，能改善你與**顧客**之間的溝通嗎？ 你能否與**顧客**一起創造商品或服務？	你的**顧客**群能透過使用者社群互相幫忙嗎？或者你能讓**顧客關係** 自動化到某種程度（參見第38頁通路相關說明）？ 考慮跟你的**顧客**一起修改或創造全新的**價值主張**。

誰能幫你

問題	解決問題的起點 ✎
誰是你的**關鍵合作夥伴**？	你的**關鍵合作夥伴**能否替你負責一項**關鍵活動**， 或者反之亦然？ 你能否透過與**關鍵合作夥伴**的策略關係來降低**成本**？ 你能否經由與**關鍵合作夥伴**的結盟來修改或創造共同的**價值主張**？
如果你目前沒有**關鍵合作夥伴**，是否該考慮找一個？	你能否從**關鍵合作夥伴**那裡取得成本更低、 品質／效能更佳的**關鍵資源**，而不是從內部尋找？ 能否把一位同事或某人轉換成或重新定位為**關鍵合作夥伴**？ 反之，你是否需要刪除一位既有的**關鍵合作夥伴**？

你會獲得什麼 你要付出什麼

收入與好處問題	解決問題的起點
收入與好處是靠成功**提供價值**給**顧客**而產生的，你的**收入**充足嗎？	若否，可能需要增加行銷活動來汰換或新增**顧客**。顧客對**價值主張**的解讀和你一樣嗎？若是，可以考慮提高價格或降低成本；若否，則請回頭審視182頁的**價值主張**診斷問題。
你是否因低估你的**價值主張**而接受低廉的**收入**？	檢查你自己或**顧客**是否把**價值主張**看成是**關鍵活動**，或對需要完成的工作有所誤解？**顧客**真正願意付出代價要你幫他完成的是什麼工作？好好想想**顧客**和**價值主張**的診斷問題，看看是否有機會推升與**價值主張**相對等的收入。
如果可以降低直接**成本**或間接**成本**，現有的**收入**是否就足夠了？	若是，你能減少或修改服務**顧客**所需要的**關鍵活動**嗎？ 若否，可以考慮新增**顧客**或修改你的商業模式。
收入是依**顧客**偏好的方式給付，還是依你偏好的方式？	你能否從員工模式轉換為契約人員模式？從固定薪模式轉換為約聘模式？能否把你的服務轉換為可供銷售、租借、授權或訂購的商品？你能接受非金錢的報酬嗎？或是可以接收對**顧客**成本低、但對你很有價值的報酬形式？

成本問題	解決問題的起點
在現有的商業模式下，你最主要的營運**成本**是什麼？	同時考慮間接**成本**（壓力、不滿）及直接**成本**（時間、金錢、體力）：你能否經由修改**關鍵活動**或跟**關鍵合作夥伴**分攤來降低任何**成本**？有沒有任何**關鍵活動**可以被減少或取消，而不會對**價值主張**有負面影響？如果在**關鍵合作夥伴**或**關鍵資源**上面多投資一點，可以顯著提高你的**價值主張**嗎？
在你的商業模式中，有哪些**關鍵活動**會產生最高的間接**成本**？	間接成本過高的這些**關鍵活動**，反映出**關鍵資源**及**關鍵活動**沒有配合好（請參考第4章）。

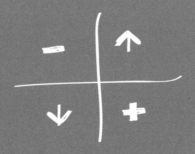

4. 修改商業模式圖的九大要素　並評估效果

依據前面診斷問題的答案，把你想對九大要素所做的修正列在右頁表格。例如，你想減少行銷或業務活動，就在「你做哪些事」那一列的「減少」一欄，寫下「行銷」。

關於這個技巧的完整解析，可參見韓國學者金偉燦和法國學者莫伯尼（Renee Mauborgne）的共同著作《藍海策略》（*Blue Ocean Strategy*）的「四項行動架構」*。

＊書中提到以四項行動架構來擬定新的價值曲線，包括：消除（eliminate）、減少（reduce）、提升（raise）及創造（create）。

九大要素 ✎	新增 +	移除 -	擴展 ⌃	減少 ⌄
你是誰 & 你擁有什麼				
你做哪些事				
你要幫的是哪些人				
你如何幫助顧客				
別人是怎麼知道你的 & 你透過 何種方式服務				
你如何與顧客互動				
誰能幫你				
你會獲得什麼				
你要付出什麼				

評估你對九大要素所做的變動，是一個有趣又有些複雜的過程，因為所有要素都彼此相關，環環相扣：改變一個要素的某個項目，同時也必須更動另一個要素的內容。我們在第2章談及組織商業模式圖時曾稍微接觸過，在此將針對變動部分及由此產生的影響，進一步深入探討。

九大要素如何相互影響
請先想像一下「收入與好處」要素的一個常見問題：收進來的錢不夠用。想要增加更多錢，你會需要(1)吸引更多／更好／不同的顧客，或(2)提供更強／不同／更高價的價值主張。

假設你決定透過增加新顧客來增加收入，你可以回到前一頁的表格，在「新增」那欄下

面的「你要幫的是哪些人」一格中，形容一下你希望新增的顧客。

在表格中加上新顧客，夠簡單了，不是嗎？但是，你不能期待新顧客會自動冒出來。新增顧客通常需要額外的行銷或業務活動，因此你應該在「你做哪些事」那一列的「新增」或「擴展」格子中，寫上行銷或業務活動。

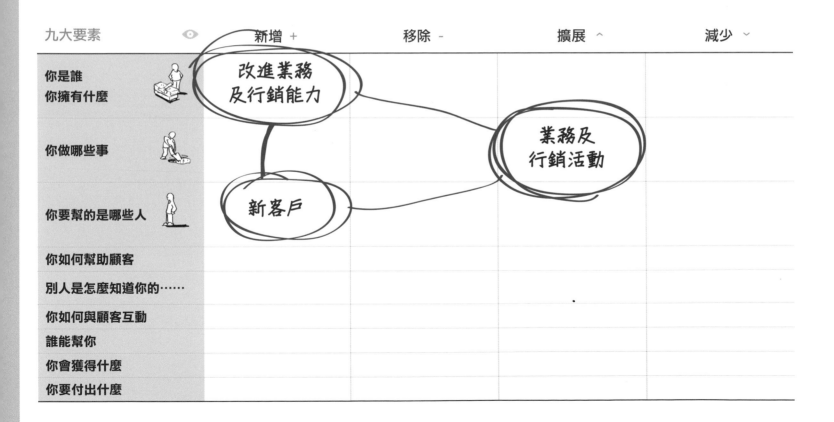

當你在「你做哪些事」那列中填入新增內容後，就會牽動到其他要素。比如說，假設你欠缺的是行銷技巧，可能會想要接受行銷訓練或參加行銷課程，就需要在「你是誰」這列的「新增」一格中填入相應的內容。

相反的，你也許不用親力親為，而是找個具備行銷技巧的關鍵夥伴來幫你，同樣也能達到擴展業績的目標。此時，你就要在「誰能幫你」那列的「新增」格子中，填入「找個新的行銷夥伴」。

這就是有效修正個人商業模式的要訣：當你更動某項要素來達到想要的結果時，就必須

找出這項變動對其他要素造成的影響。然後再根據你的變動，一一修改其他要素中相對應的內容。

現在，好好檢視你的商業模式中所有需要改善的要素，然後進行適當的調整。

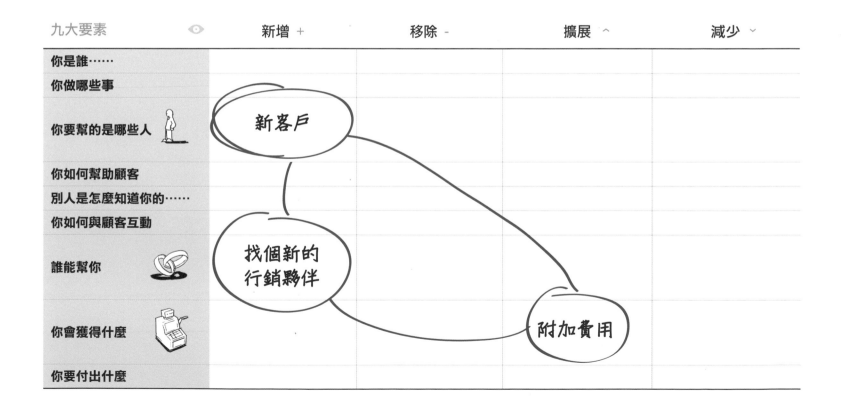

九大要素 👁	新增 +	移除 -	擴展 ^	減少 ⌄
你是誰……				
你做哪些事				
你要幫的是哪些人	新客戶			
你如何幫助顧客				
別人是怎麼知道你的……				
你如何與顧客互動				
誰能幫你	找個新的行銷夥伴			
你會獲得什麼		附加費用		
你要付出什麼				

5.重新繪製你的商業模式圖

一旦九大要素的問題修正完成,就可以繪製一張新的商業模式圖了。

這並不表示商業模式圖只能修正一次。商業模式圖的優點,就在於提供一個固定的關係模式圖(架構)來實驗不同的個人商業模式。這是一種嘗試把原型套用在不同工作型態的方式,以便找出最適合你的一種商業模式。

原型的威力

當人生軌跡發生變動時,如果有個架構能讓你實驗多種不同的模式,對你會很有幫助。比如說,明天你的天使主管突然換成了一個惡魔般的上司,你要如何自處?當你有了更多的選項時,就可幫你迅速轉換到可行、同時也是你希望的工作模式。

個人的商業模式圖

誰能幫你
（關鍵合作夥伴）

你做哪些事
（關鍵活動）

你如何幫助（顧客）
（價值主張）

你如何（與顧客）互動
（顧客關係）

你要幫的是哪些人
（目標客層）

你是誰＆你擁有什麼
（關鍵資源）

別人是怎麼知道你的
你透過何種方式服務
（通路）

你要付出什麼
（成本結構）

你會獲得什麼
（收入與好處）

個人商業模式大變身

身為個人商業模式的改造者，雖然運用的都是類似的工具，
但每個人的改造過程及結果卻大異其趣。

這一章的最後，要介紹的是四則翻新個人商業模式的故事，
透過它們，我們可以豐富並延伸對個人商業模式的了解，
並將這些方法運用在自己身上。

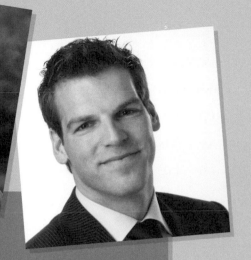

1. 準備好個人的商業模式圖。

2. 在以下的故事中，請注意幾個產生顯著改變的要素。

3. 重新繪製你自己的商業模式圖。

還記得本書113頁的職業類型嗎？現在正是你重讀一遍，並從中解讀出哪種職業最適合你的時候了。

選擇你的通路

人物：

歌手

自從17歲在電視上成功露面後，來自阿姆斯特丹的歌手Hind就被德國音樂巨擘BMG簽下，首張唱片就賣了四萬多張，並得到艾迪生獎（Edison Award，表揚創新產品、服務與設計的獎項）最佳潛力藝術新人頭銜。然而，BMG巨星如雲，她要推廣自己的作品顯得無以為繼。

就在此時，下載歌曲的爆量成長，迅速削弱了傳統音樂產業的商業模式：BMG、EMI等許多唱片品牌不再是推廣和傳送音樂的獨占通路了。

Hind了解到，要跟上快速變化的音樂產業並贏得追求自己願景的自由，意味著她必須翻新個人的商業模式。於是，她開始自問關於通路的棘手問題：粉絲要如何找到她？購買和遞送她的音樂都要透過粉絲偏好的方式嗎？有何後續行動可以確保聆賞者的滿意呢？

回答這些問題引導出一個清楚的決策：Hind和她的經紀人創造了他們自己的品牌B-Hind，也創造了一個全新的商業模式可以完全掌控創作、推廣及配送她的音樂。

姓名：欣德（Hind）

Hind 的新商業模式vs.傳統唱片品牌的商業模式

□ 傳統模式　□ 新模式

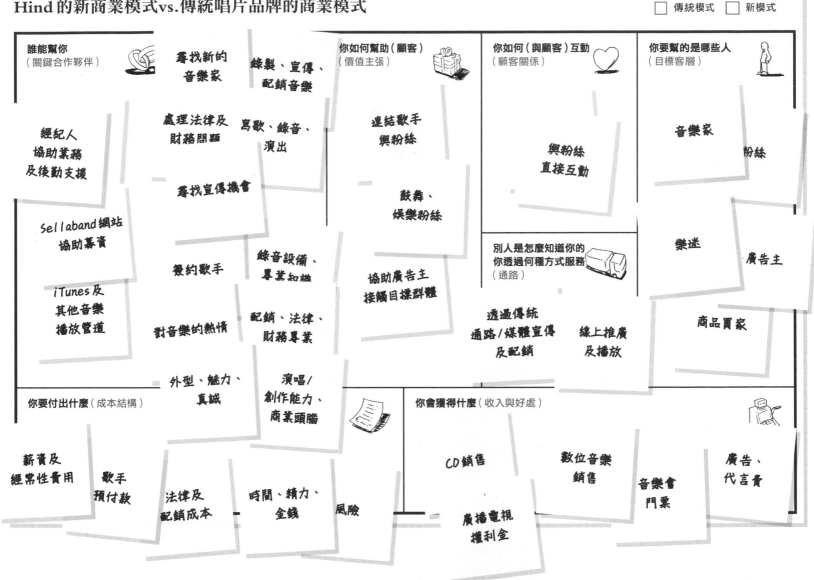

誰能幫你（關鍵合作夥伴）

尋找新的音樂家

錄製、宣傳、配銷音樂

處理法律及財務問題

寫歌、錄音、演出

你如何幫助（顧客）（價值主張）

連結歌手與粉絲

你如何（與顧客）互動（顧客關係）

與粉絲直接互動

你要幫的是哪些人（目標客層）

音樂家

粉絲

經紀人協助業務及後勤支援

尋找宣傳機會

鼓舞、娛樂粉絲

Sellaband網站協助募資

簽約歌手

錄音設備、專業知識

樂迷

別人是怎麼知道你的你透過何種方式服務（通路）

廣告主

iTunes及其他音樂播放管道

對音樂的熱情

配銷、法律、財務專業

協助廣告主接觸目標群體

透過傳統通路/媒體宣傳及配銷

線上推廣及播放

商品買家

外型、魅力、真誠

演唱/創作能力、商業頭腦

你要付出什麼（成本結構）

你會獲得什麼（收入與好處）

薪資及經常性費用

歌手預付款

法律及配銷成本

時間、精力、金錢

風險

CD銷售

數位音樂銷售

音樂會門票

廣告、代言費

廣播電視權利金

幫助別人，也幫助自己

部落客

「多年來，我一直是個強迫性消費者，」J.D. 羅斯說，「當我跟老婆買下一座有百年歷史的農莊時，終於踢到鐵板，把錢花光了。」J.D. 的工作是銷售（工業用）特製硬紙盒，但他始終熱中於自我成長及寫作，現在他破產欠債，決定要重新改造自己。

他閱讀手邊所有關於個人理財的出版品，整理成一篇文章〈慢慢變有錢〉（Get Rich Slowly）發表在他的部落格上。這篇文章加上 J.D. 個人親身實踐的承諾，在網路上引起了讀者的共鳴。一年後，他推出了以「慢慢變有錢」為名的個人理財部落格。「一個人可以靠寫部落格養活自己，這是我從來沒想過的事。」他回想，「我那時的想法只是想幫別人。」

但他的線上收入成長了，然後「慢慢變有錢」的盈利追上了他在紙盒公司的薪水。於是，他決定採用新的個人商業模式，辭掉工作，成為專業的部落客。「那是我一生所做的最好決定，」J.D. 說，「我還清債務，還有了存款，同時也幫助了其他人。」

然而，每週七天的工作排程，以及與六萬多名讀者的頻繁互動，讓 J.D. 幾乎爆肝，也導致「慢慢變有錢」的品質受到了影響。他警覺到個人的商業模式有改版的必要，於是找來了一位事業夥伴，同時也雇用了一些寫手，讓自己可以「繼續掌舵，但不用再船長兼水手」。這些變動增加了他的財務成本，但顯著降低了他的工時與壓力，讓他有餘裕寫書，進一步提高收入與成就感，同時部落格的訂閱人數也持續成長。現在的他，享受著與家人親友更多的相聚時間，也一償他遊歷非洲、歐洲和世界各地的旅遊夢想。

「是個人商業模式圖幫了我。我們腦中都曾閃過想做什麼事的念頭，卻沒能馬上記下來。」他說，「當你將它們寫下來，就能留住這些念頭，商業模式圖能幫你落實這些意圖。」

攝影 Amy Jo Woodruff

姓名：J. D. 羅斯
（J.D. Roth）

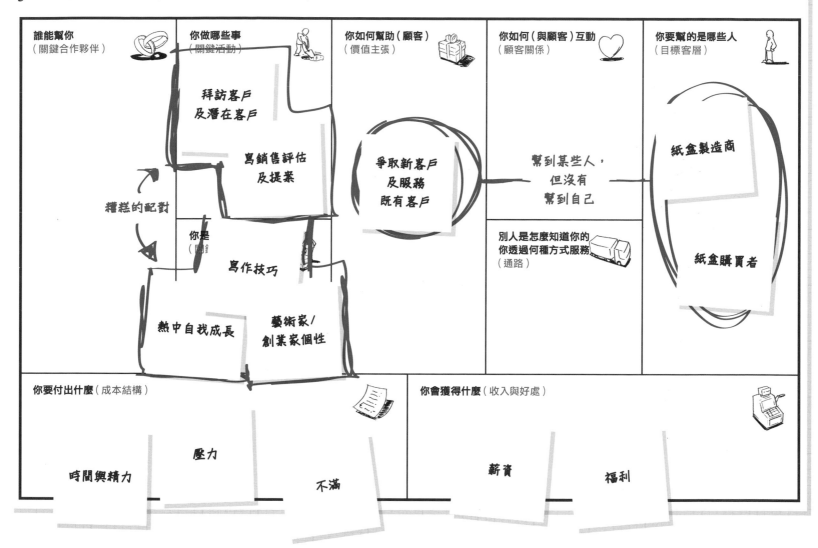

J.D.的商業模式圖第1.0版：紙盒業務員

誰能幫你（關鍵合作夥伴）

你做哪些事（關鍵活動）
- 拜訪客戶及潛在客戶
- 寫銷售評估及提案

糟糕的配對

你是（關鍵資源）
- 寫作技巧
- 熱中自我成長
- 藝術家／創業家個性

你如何幫助（顧客）（價值主張）
- 爭取新客戶及服務既有客戶

你如何（與顧客）互動（顧客關係）
- 幫到某些人，但沒有幫到自己

別人是怎麼知道你的 你透過何種方式服務（通路）

你要幫的是哪些人（目標客層）
- 紙盒製造商
- 紙盒購買者

你要付出什麼（成本結構）
- 時間與精力
- 壓力
- 不滿

你會獲得什麼（收入與好處）
- 薪資
- 福利

J.D. 的商業模式圖第2.0版：部落客

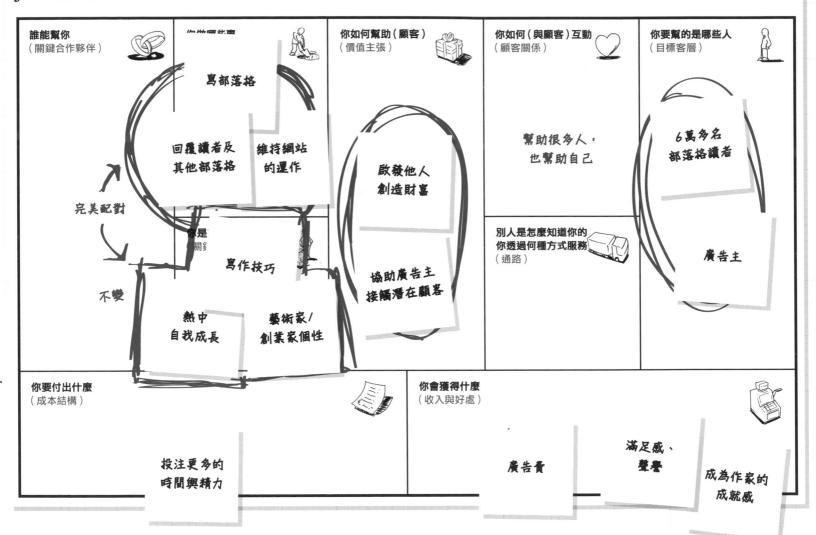

誰能幫你
（關鍵合作夥伴）

寫部落格

回覆讀者及
其他部落格

維持網站
的運作

完美配對

你是
關鍵

不變

寫作技巧

熱中
自我成長

藝術家/
創業家個性

你如何幫助（顧客）
（價值主張）

啟發他人
創造財富

協助廣告主
接觸潛在顧客

你如何（與顧客）互動
（顧客關係）

幫助很多人，
也幫助自己

別人是怎麼知道你的
你透過何種方式服務
（通路）

你要幫的是哪些人
（目標客層）

6萬多名
部落格讀者

廣告主

你要付出什麼
（成本結構）

投注更多的
時間與精力

你會獲得什麼
（收入與好處）

廣告費

滿足感、
聲譽

成為作家的
成就感

J.D. 的商業模式圖第2.1版：超級部落客

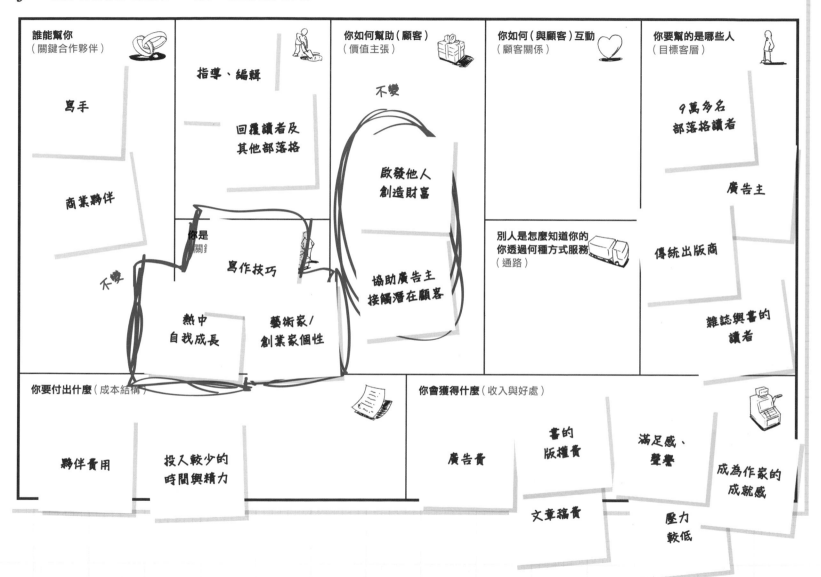

誰能幫你
（關鍵合作夥伴）

寫手

商業夥伴

指導、編輯

回覆讀者及
其他部落格

你是
關⋯

不變

寫作技巧

熱中
自我成長

藝術家/
創業家個性

你如何幫助（顧客）
（價值主張）

不變

啟發他人
創造財富

協助廣告主
接觸潛在顧客

你如何（與顧客）互動
（顧客關係）

別人是怎麼知道你的
你透過何種方式服務
（通路）

你要幫的是哪些人
（目標客層）

9萬多名
部落格讀者

廣告主

傳統出版商

雜誌與書的
讀者

你要付出什麼（成本結構）

夥伴費用

投入較少的
時間與精力

你會獲得什麼（收入與好處）

廣告費

書的
版權費

滿足感、
聲譽

成為作家的
成就感

文章稿費

壓力
較低

姓名：馬丁・鮑休斯（Maarten Bouwhuis）

發現更多的關鍵資源

人物：

電台主持人

當馬丁・鮑休斯加入「商業新聞電台」的製作部門時，他很難想像有一天自己會成為廣播界的一號人物。但幾個月後，他開始思索：「為什麼我不能也擔任主持人？」於是他設定了這個目標。

在成為廣播主持人的路上，馬丁努力開發自己的聲音技巧、發音及訪談風格。直到最近，他考量個人的商業模式時，還把這些技能及其他外顯特徵當成他的關鍵資源。

但電台主持人的薪資不高，馬丁開始體認到這些關鍵資源的價值有限。隨著日子一天天過去，同事及聽眾的回饋都顯示，他的訪談及評論經驗已經為他打造了一套全新的技能，包括掌握、釐清趨勢的能力，以及將這些趨勢快速、清晰並充滿渲染力地傳達給聽眾的特殊技巧。

這些新技能為馬丁帶來全新性質的工作，比如在商業論壇或其他活動引導討論或擔任引言者。現在的他，有時出場一次就能賺到相當電台主持人一個月的薪水。

「絕對不要把關鍵資源的定義，局限在成就你過去的那些因素裡。」馬丁說，「你個人商業模式的運作，永遠都是現在進行式。」

馬丁擴展的個人商業模式

誰能幫你
（關鍵合作夥伴）

商業新聞電台
的新聞

同事

電視台

活動企畫

你做什麼

讀稿、
進行電台訪問

帶領直播
或錄影討論

準備講稿

聲音
天賦　　領導力、
　　　　主持技巧

精力　　個性　　新聞內容
　　　　　　　　分析技巧

你如何幫助（顧客）
（價值主張）

提供消息
與娛樂給聽眾

啟發聽眾／
觀眾去思考
或行動

你如何（與顧客）互動
（顧客關係）

個人、
著眼於
維繫關係

個人、
著眼於
線上吸收顧客

現場

收音機

閉路電視

口碑

線上

你要幫的是哪些人
（目標客層）

商業新聞電台、
聽眾

主講者
活動代理商

現場及
遠距觀眾

你要付出什麼（成本結構）

時間與精力

壓力

辦公室
經常性
支出

交通費

治裝費

你會獲得什麼（收入與好處）

薪資

福利

現場及
轉播出席費

個人品牌
知名度

姓名：納特・林利
(Nate Linley)

倒推法：另一種方式

人物：

團隊領導人

納特・林利是電子工程師，在一家全球定位服務（GPS）軟體開發商負責帶領一群軟體工程師。他對這個工作逐漸喪失熱情，卻難以找出到底是哪裡出了問題。他向商業教練布魯斯・哈森（Bruce Hazen）尋求協助，他建議納特試試倒推法：先想像他理想的未來職涯是什麼樣子，再往回推演到現在。

一開始，哈森要納特寫下四個簡短的電影情節，每個情節都要描述他自己和另外兩位專業人員如何愉快的工作，這就是他心目中理想的工作。

這些情節都顯示出一個共通性：納特始終都在扮演建立及領導團隊的角色。更進一步分析則顯示，雖然每個情境的背景都不一樣，但納特在描述自己建立團隊的細節，遠比描述每個產業環境都要詳細得多。

接著，哈森和納特一起「解構」了他現在和過去的工作，結果發現完全跟納特所想像的電影情境相契合：納特對於組織及管理團隊的意願一直都沒變。他喜歡帶領人，幫助他們改變對工作的僵化看法，並為他們去除過程中所遭遇到的障礙。

納特的倒推步驟

1. 畫出一個身為管理者／領導者的理想商業模式
2. 畫出現在他身為技術經理的商業模式
3. 重寫個人故事
4. 了解自己必須尋找的，是在培育經理人方面具備頂尖專業與信譽的客戶
5. 找到這樣的客戶

在倒推個人商業模式一個月後，納特進入了奇異公司（GE），這是一家以卓越管理與培育領導者聞名的大企業。

倒推法，就是從未來反推到現在：
你要先想像一個理想的未來，
然後往回推演要達到這樣的預期目標
必須走過哪些里程碑。

應該包含的步驟：

· 想像並畫出你理想的個人商業模式圖

· 再畫一個你現在的商業模式圖

· 找出現實與理想的商業模式圖之間的差距

· 逐一審視圖中的九大要素，擬定消除或縮小這些
  差距不可少的行動

· 執行這些行動

為未來的可能性創造故事，
可以讓你了解自己離目標有
多近。
——布魯斯·哈森

未來的商業模式圖

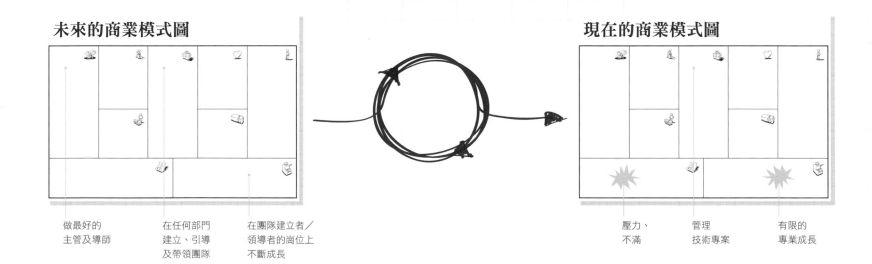

做最好的　　　在任何部門　　　在團隊建立者／
主管及導師　　建立、引導　　　領導者的崗位上
　　　　　　　及帶領團隊　　　不斷成長

納特對工作的熱情，不在於工程和軟體方
面，而在於組織團隊及領導力，他未來的個
人商業模式也是如此。

現在的商業模式圖

壓力、　　　管理　　　　　有限的
不滿　　　　技術專案　　　專業成長

……所以，他重新撰寫了他個人的腳本，也
就是他要當一個工程師出身的管理者，而不
是一個從事管理的工程師。

你的新假設

到目前為止,你個人的商業模式大部分還是紙上談兵嗎?

如果你也跟大多數人一樣,答案應該是肯定的。我要提醒你的是,紙上談兵的個人商業模式,只能代表你對工作的一種主張,充其量只是一種未經驗證的假設。

科學家和創業家透過實驗與製作原型來測試假設,我們也應該這樣做。

因此，接下來的章節將會包括分享你的（人生）目標、尋求回饋以改善你的商業模式、鑑別並分析潛在顧客，以及把你個人的新商業模式付諸行動。

首先，我們要從你對顧客有何「商業價值」著手。這樣做能夠提供你有力的觀點及洞察力，了解顧客如何做雇用決策，以及他們如何決定薪水或費用。

行動

試著讓一切發生。

第 8 章
計算你的商業價值
Calculate Your Business Value

薪資單
教你的事

第1章曾提過，所有組織都需要一套有效的商業模式。「有效」的意思是：現金流入多於現金流出（至少也要做到收支打平），這幾乎適用於所有企業和個人。本章將協助你掌握關鍵方法，了解潛在客戶如何評價你的服務。

企業使用損益表來追蹤績效，將所有銷售以及支出項目列表。
損益表幫助組織了解經營狀況，並保持有效運作。

雖然很少人把正式的損益表用在自己身上，
但大部分的人會使用類似的收支衡量工具。
例如，人們會檢查存款餘額及薪資入帳，以應付帳單及預算支出。

現在，我們先來看看損益表運用在個人身上的例子，
然後再去了解同樣的概念如何運用於企業。

艾蜜莉的所得

艾蜜莉（Emily）是大腳鞋業公司的供應鏈分析師，月薪4000美元。付完每個月帳單後，她還剩下450美元可以存在投資帳戶裡。

請問，有誰認為每個月存450美元算厲害的？請舉手！

雖然450美元看起來不多，但用商業術語來說，那可是超過11%的利潤（450除以4000）。很少公司能保有收入的11%做為利潤。信不信由你，從百分比來看，艾蜜莉的利潤率比世界上大多數的公司都高！

事實上，「利潤」二字往往被誤解了。很多人印象中所謂的利潤，不是指二手車業務員把一部爛車高價賣給購車新手，就是銀行理專鼓勵不懂投資的客戶買高風險的連動債。

利潤與盈餘

利潤（profit），簡單說就是收入減去支出費用後的淨額。以艾蜜莉來說，她的利潤就是努力工作、誠實納稅、扣除所有生活開銷之後的金額。她之所以會有利潤，是因為她盡責的服務顧客。對她而言，有利潤是重要的，否則要如何存退休基金，或準備足夠的錢供孩子上大學？

經營一家公司也一樣，如果不能創造利潤，試問要如何有錢投資新設備或雇用新員工？

如果創造的收入剛剛好用來支付所有費用，沒有剩下分毫（這種淨利為零的情況，商業術語稱為「損益兩平」），對個人或組織而言，都只能圖個苟延殘喘而已。

雖然「利潤」和「盈餘」指的是同一件事，不過我們認為用「盈餘」比較精確。絕大多數的企業就跟艾蜜莉一樣，努力經營、專注於創造盈餘。當公司有盈餘，通常會拿來配發給股東、再投資或是償還債務。

拿個人與大企業相比，你會覺得不恰當嗎？放心，你不是唯一這麼想的人！即使在資本主義的西方世界，很多人還是認為，一個人的職業生涯和工作目標，跟一般企業的商業行為是截然不同的。

某種意義來說，的確如此，人和企業確實不同。然而，員工、承包商、約聘人員，其實都和企業家一樣，都是在「銷售」服務給客戶，用商業術語來思考這些工作關係，其實大有用處。

本書的核心觀點，就是把我們自己想成一人公司：一家同時為所屬組織及自己創造盈餘的公司。

接下來，讓我們來討論關於一個人的資金流入與流出。只要懂得一點簡單的數學，就能打開你的眼界。

（商業語言）
銷售額（營收）
－費用
──────────
＝盈餘

→
→
→

（一般說法）
收進來的錢
－付出去的錢
──────────
＝剩下的錢

損益表

損益表從上至下共有三個類別：(1)收進來的錢、(2)付出去的錢及(3)剩下的錢。用商業術語來說，這三個項目分別叫做銷售額、費用，以及盈餘。

簡單吧？

一般來說，企業每年至少會編製一次損益表，用來：

· 描述獲利績效
· 尋找（有無）過高的成本
· 分析銷售額在不同時間的起落

當然，企業的損益表比起艾蜜莉的個人收支要複雜多了。不過，這只是因為公司有更多的費用項目、稅賦等林林總總的開支，而這些內容在我們建構個人商業模式時都可以很開心地忽略。不管是公司或個人，基本公式其實是一樣的，就是：

銷售額（營收）－費用
＝盈餘

參考右頁「公司如何運用資金」，你就會了解損益表的思考模式適用於任何組織，無論是營利、非營利或政府都一樣。

公司如何運用資金

	企業	政府	非營利組織
收進來的錢	銷售額 費用收入 利息收入 專利權收入等	稅收 公債 公有資產銷售或服務收入	捐贈 禮金或禮品 補助 法律許可的商品或服務銷售
付出去的錢	貨品或服務的成本 薪資支出 租金 水電等費用	教育、健康及國防等公共服務 社會基礎設施 支付公債利息 公務人員薪資、福利及 退休保障等	專案成本 薪資 租金 水電等費用
剩下的錢	配發給股東 或再投資於新產能等	贖回公債 投資於更多的社會基礎設施或 服務	投資專案活動、設施或擴充人 力（通常法律禁止非營利組織 把剩餘資金分配給創建人或利 害關係人）

實領薪資的真正意義

看看右欄下面艾蜜莉的個人損益表，請留意她真正拿到的實領薪資（take-home pay）是2,880美元，比起她的薪資總額（gross salary）4,000美元明顯少了很多。扣繳稅額、社會保險以及其他醫療保險等扣繳項目就占了1,120美元。

我們可以把這筆1,120美元的扣繳項目視為一種「收入成本」，是艾蜜莉身為員工及美國公民所必須支付的費用（身為員工，她享有健康保險及退休福利；身為公民，她享有警察、消防、教育及其他公共服務）。

就艾蜜莉的立場來說，扣繳的錢越少、實領到的錢越多，她當然越開心，但她沒有選擇餘地：如果她要以員工身分賺取收入（並且和稅捐機關保持良好關係），她就必須接受稅費福利等各種扣繳項目。因此對她而言，所謂「收入成本」就占了薪資的28%。

現在，請注意，我們接著要來探索實領薪資的真正意義。

艾蜜莉可以用來支付她所有生活開銷的錢是2,880美元，而不是4,000美元的薪水。這個明顯的事實，是了解基本商業運作（以及如何決定薪資）的關鍵，讓我們來解釋一下：

就像艾蜜莉一樣，公司支付各種開支的錢必須來自「實領薪資」——亦即扣掉所有創造營收所必須投入的成本費用後，所剩下來的資金。

在第216頁，我們可以看到大腳鞋業公司的「實領薪資」是如何產生的，以了解實務運作的情況。

艾蜜莉的每月損益表

薪資	$4,000
工資扣款	1,120
實領薪資	2,880
費用	
住家	725
飲食	600
醫療	125
交通	200
水電瓦斯	175
其他開支	605
「盈餘」	$450

關於做生意的
一個驚人真相

大腳鞋業從購買製鞋原料開始，每雙鞋子必須先花成本約3美元。

接下來，將原物料組裝成鞋子，每雙大約需要花4美元。

再來，將做好的成品運送給零售商，平均每雙鞋子大約需要花1.50美元。

因此，每雙鞋子從原料、製作到運送至可以銷售的場所，總共需要花費8.50美元。如果零售商向大腳鞋業以每雙22.50美元的價格購入，那麼大腳鞋業可以從每雙鞋子「賺」到14美元。

這筆錢（14美元）稱為（單位）「毛利」，代表的是售價扣除必要的製造、運輸成本後，大腳鞋業所拿到的錢。從某種意義來看，這是大腳鞋業公司的「實領薪資」：銷貨金額的62.2%（毛利率）。（零售店家會再以每雙的售價39.95美元賣給消費者，這是另一個故事了，我們略過不談。）

然後，大腳鞋業會用每雙14美元的單位毛利（「實領薪資」）去應付各種開支。

倘若經過完善的規畫與執行，並且完售所有商品，那麼就像艾蜜莉一樣，大腳鞋業最後也會拿到一筆盈餘（用剩的錢）。

這裡我們先來回顧一個關鍵點：大腳鞋業用來支付員工薪資和其他費用的錢，都來自於公司的毛利或「實領薪資」。

因此，要支付艾蜜莉每個月4,000美元的薪水，大腳鞋業就必須創造額外的4,000美元「實領薪資」（毛利），對吧？

由於大腳鞋業只能從零售商支付的金額中保留62.2%的毛利，所以要賺取4,000美元的毛利，就必須創造出6,429美元的銷售業績（6,429美元的62.2%正好是4,000美元）。

用這個方法，你很容易就能算出用來支付任何額外費用（例如薪資或水電）所需要增加的銷售金額：只要把費用金額除以毛利率就可以了（4,000除以0.622等於6,429）。

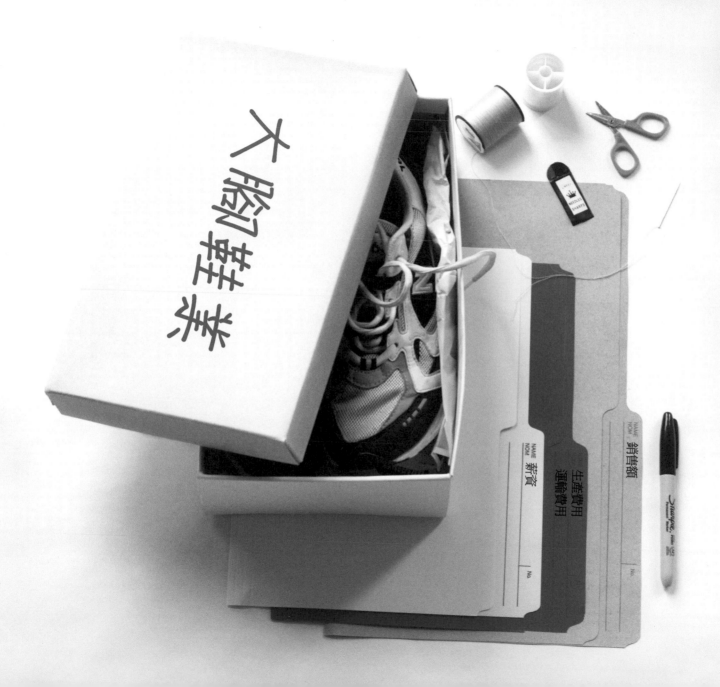

計算你的價值

想像你願意拿4,000美元的月薪為大腳鞋業工作。除了你的薪資以外，公司還必須支付各種員工福利項目。事實上，典型的美國公司會另外提撥員工薪資總額17%到50%，用來繳交健康保險、法定退休基金以及失業保險等費用。因此，讓我們假設大腳鞋業這部分的提撥率是薪資的25%。這表示大腳鞋業實際要為你支付的人事成本，是每個月5,000美元。

這筆錢是怎麼計算出來的？

1. **4,000美元用來支付你的薪水。**
2. **月薪4,000美元的25%（即1,000美元），用來支付上述的各種福利項目。**
3. **4,000+1,000=5,000（美元）**

記住，5,000美元只是大腳鞋業為了雇用你一個人，每個月必須準備付出的人事成本。這個數字不能全部反映大腳鞋業為了雇用你、所必須賺取的銷售金額，因為公司要能繼續經營下去，需要更多的銷售金額。

如右頁圖「員工如何拿到薪水」所示，為了要發放4,000美元的月薪，公司賣鞋子的總收入要超過這個金額的兩倍。請注意這張圖中的兩件事。

首先，為了付你薪水，公司必須產生更多的現金收入，這筆錢要遠遠超過你實際領到的薪水。

其次，所有要付給你的錢，源頭都是來自消費者，而不是公司。

雇用你這個員工，意味著公司光是要支付你的薪水，每個月就得賣出總價8,036美元的鞋子（5,000美元除以0.622等於8,036美元，算法說明參見第216頁）。

所以，你要如何幫公司達成目標？

商業模式思考的一個祕訣是：**任何一位員工價值多少錢，要以他最終能提供給顧客的價值來衡量。**

當一個組織決定是否要雇用你，所要考慮的是：你可以提供給顧客的價值，能否大於聘用你所要支付的人事成本。

員工如何（從顧客）拿到薪水

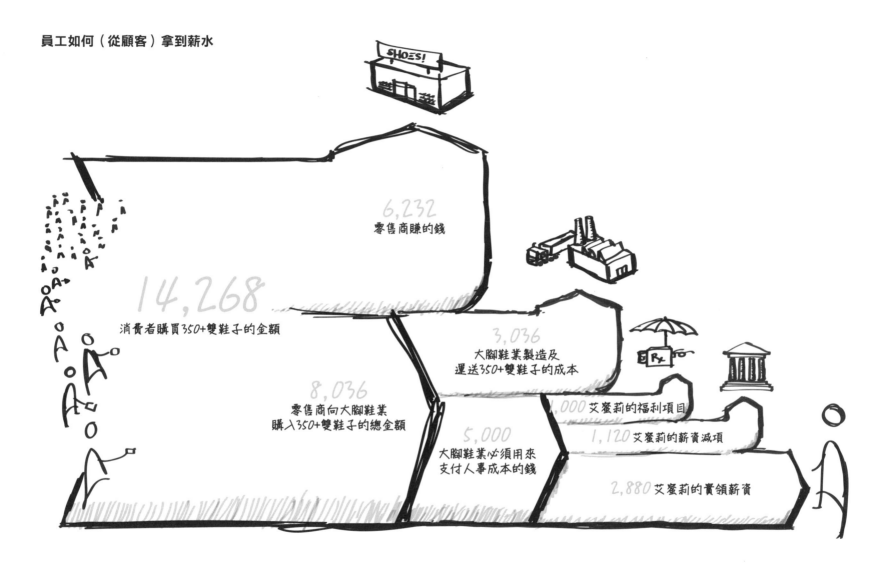

6,232
零售商賺的錢

14,268
消費者購買350+雙鞋子的金額

3,036
大腳鞋業製造及
運送350+雙鞋子的成本

8,036
零售商向大腳鞋業
購入350+雙鞋子的總金額

1,000 艾蜜莉的福利項目

5,000
大腳鞋業必須用來
支付人事成本的錢

1,120 艾蜜莉的薪資減項

2,880 艾蜜莉的實領薪資

計算你的價值

許多公司無法像大腳鞋業一樣享有62%的高毛利。現在，假設你在一家毛利率「只」有40%的公司工作。

Q：為了要支付你4,000美元的月薪，公司必須額外創造多少銷售額？假設所有福利項目是薪水的25%。

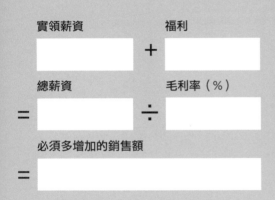

實領薪資　　　　福利

＋

總薪資　　　　　毛利率（％）

＝　　　　　　**÷**

必須多增加的銷售額

＝

A：要支付一名員工4,000美元的月薪，
公司需要每月新增12,500美元的銷售額
（4,000美元以1.25乘除以0.4）。

為何東西會這麼貴

業界有一種試算方式：不管員工薪資多少，公司都必須多創造兩倍於該員工薪水的營收。這就像是一條基礎定律。

因此，雇用一名年收入48,000美元的員工，公司需要增加96,000美元的業績來消化他的所有人事成本。

不過，這個基礎定律會隨著產業及毛利率而異，比如說，有些員工的人事費用可能需要三倍於年薪的業績才能消化。

當你思考經營一家企業所需要的成本，以及決定定價背後所隱含的邏輯，就很容易理解為什麼物價會如此昂貴了。

這也難怪許多公司要對提高毛利如此不遺餘力了！

你對組織的價值

講得坦白一點，如果你自認應該年薪60,000美元，最好能捫心自問一下：「雇用我之後，我可以持續為公司帶來每年120,000至180,000美元的營業額嗎？」

當然，沒有任何人的價值可以單用貨幣來衡量。然而，身為老闆在做雇用決定時，自然必須好好衡量「你能提供給顧客的價值」和「雇用你的成本」，這也就是為什麼公司和個人都需要了解商業模式。

到目前為止，你應該對兩件事有了清楚的概念：1)（個人商業模式圖的）客戶如何決定你對他們組織的價值，以及 2) 如何決定你想要的薪資或費用。好好思考這些議題，因為接下來就要測試你的個人商業模式了。

你必須記下來的名詞

所得 Income

收進來的錢。

費用 Expenses

付出去的錢。

盈餘或利潤 Earnings or Profit

收進來的錢減掉付出去的錢之後
所剩下的部分（可能為負值）。

損益表 Income Statement

企業或組織在一段期間內收入及費用的匯總，
通常以一季或一年為期。

銷售額 Sales

銷售商品或服務所得到的錢。

收益 Revenue

銷售額加上利息、租金、權利金或其他
非勞動所得。

毛利 Gross Margin or Margin

營收減去銷貨成本（商品或服務成本），
通常以占銷售收入的百分比表示。

銷貨成本 Cost of Goods or Cost of Sales

出售商品或服務的直接成本。

損益兩平 Breaking Even

總收入（收進來的錢）等於總成本（付出去的錢）。

總薪資成本 Fully Loaded (Salary) Cost

雇用一名員工的全部成本，除了薪資外，
還包括勞健保、退休年金及法定稅費等。

第 9 章

在市場上測試你的
商業模式

Test Your Model in the Market

姓名：**賽德．康妮莎**
（Cyd Cannizzaro）

關鍵點：
測試她的商業模式

人物：
資源回收協調員

賽德．康妮莎（Cyd Cannizzaro）終於釐清了她的人生目標：幫助他人學會資源回收並妥善處理垃圾。

多年以來，賽德常與朋友深入討論資源回收與垃圾處理，她們都很關注環境議題，還把兩人對話搞笑的命名為「垃圾話題」。後來當賽德從客服訓練師的工作被資遣時，她認定「垃圾話題」應該不只是打發時間的消遣，而是她的天職。她決心找到能教別人如何做資源回收的工作，也就是她口中「能產生影響的工作」。

賽德立即開始測試她這個全新的個人商業模式。

她無法找到顧客願意付錢來做資源回收的訓練，所以她重新檢討她的計畫，並在有機超市的熟食部門找到工作，以便增進處理廢棄物的相關可靠知識。

由於她跟任何資源回收的組織都沒有往來，所以她親自製作了一款「垃圾話題」電話卡，用以說明自己的人生目標。

為了知道在資源回收界建立個人商業模式有哪些必要條件，她開始參加綠色產品的會議、固態廢棄物處理的公共論壇，以及社區資源回收的聚會。

隨著一個個組織對她的「垃圾話題」產生興趣，賽德依據產業專家的回饋來重新調整她的商業模式，也參與跟自己目標接近的案子。終於有一天，引起了市政單位永續發展小組的善意回應。

現在，賽德已經如願成為一名全職的資源回收協調員，在住家附近的城市快樂工作。

你的商業模式
符合顧客實際需求嗎？

如果你像賽德一樣，正在規畫重大的職涯轉換，那麼測試商業模式的要素及可行性，是非常重要的。在紙上作業階段，個人商業模式的要素中包含許多未經驗證的假設：對你來說是做好事，但未經測試，能否幫助到別人，不是你說了算。

想知道你的個人商業模式是否行得通，可以去找你的「潛在顧客」來測試。最好的測試方式，就是仿效一般企業測試新產品或新服務模式的方法：與潛在顧客對話。

我們建議採用創業大師史蒂夫‧布蘭克（Steven Blank）發展出來的客戶開發方法論，他描述如何找出顧客需求，並讓他們願意花錢購買。這個客觀且能重複運用的過程之所以重要，是因為很多公司（以及不成功的創業者）在還沒徹底了解顧客之前，就全心全意在開發及銷售商品或服務了。

例如，當摩托羅拉（Motorola）還沒搞清楚顧客是否需要一個全球衛星電話系統前，就浪費了50億美元（對，50億）開發及推出通訊服務系統「銥計畫」；同樣的錯誤也發生在RJR菸草公司，他們在Premier和Eclipse牌無煙香菸上損失了4.5億美元：這個點子不抽菸的人喜歡，問題是他們的顧客（抽菸的人）根本不在乎。

聰明的創業家會徹底測試及評估組織的商業模式，然後才付諸行動。我們如果學習他們的方法來驗證個人的商業模式，成功機會也能大大提高。

搜尋　　執行

發掘顧客　　確認顧客　　創造顧客

轉向

如何測試你的
商業模式

請跟你的潛在顧客會面，以便測試你在個人
商業模式中所做的假設。如果對方的修改建
議確實有必要，請回去修正九大要素中相對
應的部分（這就是前面提到的轉向）。然後
再與其他潛在顧客重複這個步驟。

一旦你的商業模式似乎調整到位後，要試著
去把它「賣」給顧客，來驗證它是否可行。
如果顧客不買，你要再試著轉向（pivot），用
他們不買的原因來修正商業模式。等到有顧
客願意買單了，就表示你要嘛是被公司錄取
雇用了，要嘛就是成為準創業者，準備尋找
下一個顧客了。

走出去

要發掘顧客，得從布蘭克所謂的「走出辦公室」開始，生涯專家稱之為「建立人脈」。他們其實說的都是同一件事：跟潛在顧客、專家，或是能幫你引見他們的人聯繫及碰面，並透過雙方互動來了解你的商業模式能否行得通。

記住，個人商業模式圖的九大要素中，很多都是你單方面的假設，都需要經過顧客檢驗，例如：

· 倘若要提供你所承諾的價值，顧客對你擁有的關鍵資源及／或關鍵合作夥伴是否有信心？你是否提出適當的關鍵活動去支持你的價值主張？

· 顧客在乎你想幫他們代勞的工作嗎？他們會願意為這樣的協助，付出你在收益欄上填寫的代價嗎？（例如賽德，她一開始根本找不到這樣的顧客）

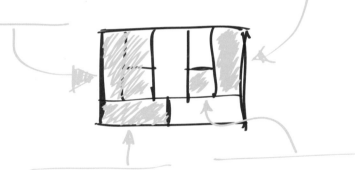

· 你負擔得起執行這個商業模式所需要的成本嗎？

· 顧客希望透過什麼管道得到聯繫及服務？你提出的顧客關係模式適當嗎？

要回答上述這些問題，唯一的方法是親自前往潛在顧客工作和生活的地方，跟他們面對面。

你生涯中發生的任何了不起的事，都從你認識的人開始。你不需要掛在網路上拚命搜尋。你的下一個大好機會，不會來自於什麼神奇的科技，或發現什麼不為人知的新情報。你的下一個大好機會將來自於你認識的人。所以，走出去認識他們吧！

——德瑞克‧席佛斯（Derek Sivers）

有效發掘潛在顧客的關鍵，在於避免「推銷」。雙方會面的重點，應該從客戶的觀點來驗證你商業模式裡的假設。如同布蘭克所說的，不要說服顧客去接受你認為他們所面臨的問題與機會。

從友善的第一次接觸開始：跟家人、親友、鄰居、同事、教友或專業組織的成員談談，或者跟你人脈圈中的任何人聊聊。告訴他們你正在根據新目標調整職業生涯。

問問他們是否認識可能對你的目標有興趣的人，盡可能蒐集越多的人名和聯絡資訊，這些新得到的人名都是你的推薦人。

接著，聯繫你的新推薦人。 聯絡的基本原則是：對方若非朋友的朋友，至少也要是透過認識的人居中介紹。要避免「陌生拜訪」，亦即未經任何人介紹就直接找上對方。

大部分的專業人士都喜歡和其他專業人士討論有共同興趣的話題。

所以，請拿起手機打個電話，敲定會面事宜。如果對方有所猶豫或詢問細節，**向他們說明跟你見一面的好處：**

「我認為你可以就永續這個議題提出精闢見解，而我也樂於分享一些原創的點子和個人觀點。不知道您下週二或下週三傍晚方便見個面嗎？」

如果對方同意，當下就敲定見面時間。如果不同意，請他推薦適合人選，並感謝他撥出時間。然後，繼續打電話給下一個。

這就是你要做的事。許多人覺得打這種電話很困難或甚至很痛苦，然而，如果你能堅持打個10通這種電話，好事就會發生。

第一次聯絡就上手

深吸一口氣，拿起電話，嘗試以下的說法：

「瑪莉蓮您好，我是艾美麗，是麥莎莉介紹我跟您聯絡的。我的專業是物流管理，最近對在公司內部做環保回收及永續發展很感興趣。我知道您是這方面的專家，所以想請教您跟貴公司是如何處理這方面的議題。不知您下週是否方便撥出20分鐘，我們一起喝杯咖啡，也許週二或週三傍晚？」

吐氣、放鬆，等待對方回答。如果你說得夠誠懇，應該能得到正面回應。

更進一步

這裡有一些提示句，可以讓你跟訪談對象迅速開始討論，並協助你了解對方個人或公司的商業模式：

「請問你是如何進入 ＿＿＿＿＿＿ 領域，又是什麼機緣帶你進入 ＿＿＿＿＿＿ 公司？」

「你現在的目標是 ＿＿＿＿＿＿ ，請問你要如何達標？」

「在 ＿＿＿＿＿＿ 方面，還有誰跟你有相同的問題和顧慮？是客戶？供應商，還是政府或社群？」

「你如何衡量經濟效益？」

如果運氣好，你的訪談對象可能會提及（或甚至侃侃而談）他正在進行的工作、關鍵夥伴，或他們商業模式的其他層面。若是如此，你可以進一步釐清一些問題並重述對方的想法，向對方確認（之所以要現在釐清，

是因為接下來你的關注點會放在研究上面，並準備與這個客戶提合作案子，而不是再去回想他說過什麼）。同樣的，對方也可能會詢問你的價值主張為何，或商業模式中的其他層面。

假如雙方相談甚歡，你可以趁機提出合作的建議。如果能進行到這一步，表示你可以開始更深入談話內容，包括更專業的說明你將如何提供協助，以及計酬收費方式（參考第8章）。

如果你覺得書面提案比較合適，可以告訴你的訪談對象，你對如何提供協助已有想法，希望給你書面提案的機會。要展現你對潛在顧客的目標有高度興趣，並把自己定位為解決方案的一環，這樣做將會拉近你和潛在顧客的距離。

每次會面之後，仔細思考你所學到的。如此一來，你會更清楚自己的（以及訪談對象或其組織的）商業模式有多少可行性。

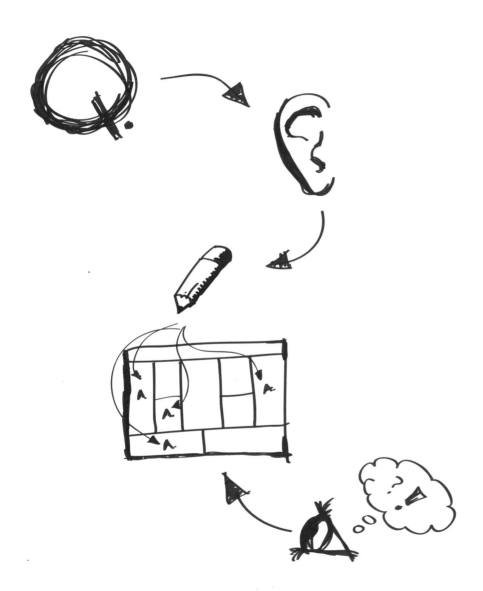

神奇的一句問話

以下是一句具有近乎神奇力量的問話，可以從普通的對話中，誘導出深入的見解：

「關於……還有什麼是我應該知道的嗎？」

例如，以229頁艾美麗為例，她應該在訪談將結束時問瑪莉蓮：

「關於在貴公司這樣的組織中進行永續發展相關活動，還有什麼是我應該知道的嗎？」

為何這句問話如此有效？因為大多數專業人員對於自身領域的挑戰、機會及起落浮沉，都潛藏著所謂的「偏好理論」（pet theory），只要有機會，他們都很樂於分享這些看法。你只需像個誠摯的聽眾般殷切發問、提出邀請，你的訪談對象將會不吝分享他們的寶貴經驗及精闢見解。

驗證
九大要素的
每個假設

每一次面談過後，都要把訪談心得與你個人
商業模式圖中的假設做個比對。幾次之後，
你應該就能充分掌握哪些要素的基本假設需
要做調整了。

外包人員
或顧問

薪資與福利

更傾向
支付花得
有意義的
專業費用

創業的決策

你本來想成為正式員工或外包人員，卻可能會在測試個人商業模式時發現，或許開創新事業才是你更好的選擇；反之，你原本有心創業，但可能受雇於人的選項更合乎你目前的條件。

無論是哪一種情況，你都要面臨創業與否的抉擇：應該承受風險開創事業，還是設法在大組織中尋找適合自己商業模式的位置？

這個議題其實已經超出個人商業模式的範疇，但我們還是在此提供兩個想法：1) 在決定開創自己的事業之前，可以先去讀讀創業教父麥克・葛伯（Michael Gerber）早年的著作（編按：可能是指《創業這條路》〔The E-myth Revisited〕）。2) 大部分的人會發現，個人和專業上的成功，並不是非創業不可。（但話說回來，會看這本書的人不在這些「大部分的人」之中！）

如果你個人的商業模式得不到共鳴，怎麼辦？

當你分享自己的商業模式時，你的聽眾是否全神貫注、坐直聆聽？如果不是，有幾個因素需要你再多琢磨一下。

你的商業模式是否有強烈的感染力？如果沒有，請確保自己所使用的語言文字務必簡單、易懂，而且在你所針對的專業環境裡是合宜的。有時候，好的文案會達到戲劇性的溝通效果。

你的商業模式能否處理真正的經濟問題或機會？很少有組織會單純因為社會或政治理由而花錢，請重新思考你的商業模式如何協助客戶的經濟層面。

你對你的商業模式有足夠的信心且令人信賴嗎？顧客對你的動機、經歷、專業及能力（關鍵資源）是否有信心，認為足以用來實現你的商業模式？如果你不確定潛在顧客怎麼看你，開口問對方吧！

財務「抓漏專家」

簡・金莫（Jan Kimmell）擁有物理學位，是個經歷豐富的職場女性，在被公司資遣後，決定她的新商業模式要結合財務及營運。她說這兩個專業應該同時考量，但卻很少被相提並論。遺憾的是，她新界定的目標沒能引起訪談者的共鳴。

於是，她擬了一段讓人印象深刻的自我介紹，言簡意賅卻直指核心：

「我是個財務抓漏專家，擅長抓出公司財務系統的漏洞與阻礙，並跟營業部門一起合作修復，以保持利潤流暢通。」

簡・金莫的比喻也許聽起來有點老套，但卻獲得製造業者的共鳴。現在她為一家高精密製造商服務，猜猜她負責的工作是什麼？財務及營運。

做好驗證
客戶的準備

你會找到一些有趣的組織並跟他們碰面,其中有幾個可能會成為你的客戶。如果你覺得已做好銷售準備,正摩拳擦掌渴望拿下你相中的特定組織,接下來我們建議的步驟是:

1. 事先針對該組織做好研究
2. 安排跟決策者會面
3. 提議協助該組織完成特定工作

想研究你相中的潛在客戶,有以下幾個途徑:參加商展或產業活動、跟專家或分析師聊聊、拜訪「鄰近」產業的公司行號,以及閱讀相關產業的專家著作或熱門出版品。你的目標是把自己放在潛在顧客的位置,學著透過他們的眼睛來看世界及你自己。

然而,你的重心還是要放在你的「祕密武器」上,亦即你理解、描述及分析商業模式的能力。要了解你的潛在顧客,有什麼方式會比繪製商業模式更合適?

如何獲取「內行人資料」

美國證券交易委員會有一個電子化數據收集、分析及檢索系統(EDGAR 數據庫),包含很多上市上櫃公司的資料,是投資人、MBA、產業專家的私房寶庫。但台灣的官方機構,除了冷冰冰的財報(雖然很重要)外,並不容易找到我們想要的產業資訊,因此直接 Google 公司名稱、產業或專業領域反而更容易下手,另外也可運用前面提到的人脈方法,找到內行人當面請教。

從幾個可能客戶中，你可以挑選一、兩個為他們繪製商業模式圖，並試著新增、移除、擴展或減少九大要素的內容。

盡量將價值主張定義得越簡單明白越好，並且找出哪個要素可能是痛點。想像這些客戶可能面對的競爭壓力，他們可能用調整商業模式來有效面對嗎？（有時候，他們的競爭者可能也是好的潛在客戶。）

一般來說，財務是大家普遍的痛點：大部分的組織都渴望增加收益或降低成本。盡量把雇用你的所有好處量化（可以不用太精準），強調你的個人價值主張能為對方帶來哪些正面經濟效益。

當你為潛在顧客繪製商業模式圖時，可以把你能幫他們做的那個工作（同時也是對方必須完成的工作）當成起點，然後再一個個倒推回來：什麼價值主張可以協助這個客戶完成這項工作？你可以從事哪些關鍵活動來提供這些價值主張？你有必須具備的關鍵資源嗎？如果沒有，能從關鍵合作夥伴那裡取得嗎？你能說明外部力量會如何影響客戶的商業模式嗎？你能幫他們調整嗎？現在就讓商業模式圖發揮它的思維力量，看看它能為你的潛在顧客以及你自己分析到什麼程度。

把自己推銷給決策者

相中潛在顧客後,你的首要目標就是跟該組織的決策者碰面,向他推銷你的個人商業模式。盡量透過人脈去創造見面機會,並在會談過程中,以專業態度將重點放在你能幫助對方的地方。你的目標當然是說服對方成為你的客戶,萬一對方回絕,你也可以得知問題出在哪裡,並重新調整你的商業模式。

盡量透過最友善的推薦人來接近決策者。即便你的人脈圈中沒有直接為潛在顧客工作的人,至少現在你應該對目標產業有足夠了解,也與那個圈子的人更拉近距離了。

從另一角度來說,未經任何人居中介紹,直接而勇敢的與決策者接觸,也有可能是最有利的選擇,但這牽涉到產業的性質與每個人的個性。

一旦能跟決策者聯繫上,你可以採用以下類似的說法:「我認為你有一個明顯的機會可以 _____,而我正好有一些你可能覺得很給力的想法,可以見面談嗎?」

如果到目前為止,你一直都能按照商業模式的測試原則進行,獲得對方的溫暖回應應該不會太困難。

網路行銷人員

畢業後,查理‧霍恩(Charlie Hoehn)發現自己的「菜市場」企管學位根本找不到工作。與其從友善的人脈下手,他選擇直接瞄準高階人士:他拿起電話打給素不相識的暢銷作家和自己仰慕的製作人,提供免費的網路行銷服務。這個策略奏效了,而且很快就過渡到「有給職」,他的客戶現在包括行銷大師賽斯‧高汀(Seth Godin)、暢銷作家提摩西‧費里斯(Timothy Ferris)及塔克‧麥克斯(Tucker Max)等人。

贏得見面機會

無論你採用何種方式來跟決策者接觸,來自全美營銷商協會(National Sales Executive Association)的這份調查結果都有可能改變你的行為:

- 2%的銷售在第一次接觸成交
- 3%的銷售在第二次接觸成交
- 5%的銷售在第三次接觸成交
- 10%的銷售在第四次接觸成交
- 80%的銷售在第五到十二次接觸成交

所以,不要因為你的第二次、第三次或第四次嘗試都無功而返就放棄,鍥而不捨才能贏得機會。

當你跟決策者會面時，請簡單清楚地陳述你對「需要完成的任務」的了解，然後邀請對方驗證或修正。

如果你的解讀是正確的，對方可能會說「那麼按照你的建議，要如何解決這個問題？」（這正是你想聽到的！）

相反的，如果你的解讀不完全正確，對方可能會詳盡解釋他們組織真正面對的問題與機會。無論這個對話如何展開，都要守住你想要提供協助的目標。

此外，可以視環境狀況及正式程度，提供對方口頭或書面的提案。

如果訪談對象同意你更進一步提供書面提案，你要應允在一週內提出，然後表達感謝、從容告辭。之後，務必發電子郵件致謝並確認：1) 商定的提案內容，以及 2) 提案的時間。

萬一對方拒絕你的提議，不要氣餒，請再接觸另一個潛在客戶。如果很多潛在客戶都回絕你的提案，那麼很可能需要依據你與潛在客戶互動的結果，修改個人的商業模式，找出新方向來調整商業模式，重新出發（此即前面所提的轉向），以符合客戶需求。

一紙致勝：一頁提案的重要性

決策者都是大忙人，他們喜歡簡潔扼要的溝通方式，所以一開始盡可能只用一張紙就把你的提案說清楚。重要提示：這一頁摘要，必須精采到讓你有機會，稍後能面對面或提出更多的書面提案來說明細節（關於「一頁提案」，請參閱派翠克‧萊利〔Patrick Riley〕的著作《一紙致勝》〔*The One-Page Proposal*〕）。

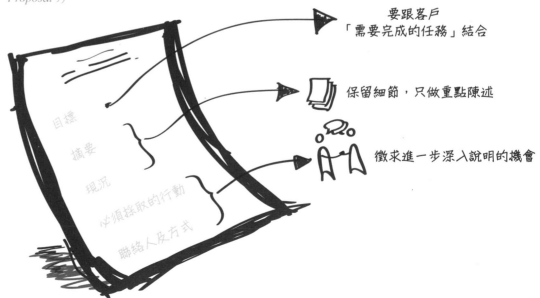

要跟客戶「需要完成的任務」結合

保留細節，只做重點陳述

徵求進一步深入說明的機會

目標

摘要

現況

必須採取的行動

聯絡人及方式

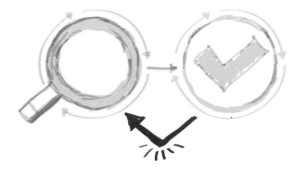

轉向，不斷改善你的商業模式

轉向（Pivoting），指的是針對潛在顧客的回饋所採取的行動，在適當時候發現錯誤，重新審視你的商業模式，調整其中一個或多個要素以便更貼近現實。一旦發現自己所研擬的商業模式無法讓消費者滿意時，轉向是最適當的做法。

你的轉向應該包括尋找全新的客戶（如同224頁的賽德），或者調整你的通路（如同67頁的提蒙曼），此外，你也可能需要重新思考更多的要素，就像右頁謝丹尼所做的。

轉向會把你拉回到發掘顧客的階段，此時你已更新個人的商業模式，並再次開始與介紹人會面的過程。一旦你覺得已經為推銷新商業模式做好準備了，就可進入驗證客戶的階段再試一次。保持信心，你一定能夠爭取到客戶。

關鍵點：
切合現實的商業模式

人物：
電腦技術人員

因為工作壓力太大，戴爾電腦技術人員謝丹尼選擇提早退休，希望能獨立工作並掌握自己的命運。

他喜歡技術工作，因此在他繪製的商業模式圖中，勾勒的藍圖是買下並經營一家電腦零售店。

為了驗證他的想法是否可行，謝丹尼拜訪了一位商業經紀人，對方建議：1) 檢視每家要脫手的電腦零售店的財務狀況，以及 2) 去進行性格測試。

做了這兩件事後，謝丹尼了解到：1) 電腦零售店是低毛利、高周轉的薄利事業，以及 2) 他欠缺客服的人格特質，比較適合不用處理人際關係的後勤技術工作。

於是，他進行了策略轉向，重新檢視及修改他的商業模式，並把目標客戶改為「企業對企業」（B-to-B）的科技公司。

很快的，有個機會冒出來了，這在他的第一個商業模式中鐵定會被略過：那是一家銷售商用磅秤並提供調校、認證及售後服務的公司。這家公司既能讓謝丹尼施展他的專業能力，又不用跟不懂技術的顧客有太多接觸，還能在有限的壓力下獨立工作，賺取不錯的報酬。

沒錯，謝丹尼買下了這家公司，現在他很享受當老闆的生活，經常隨性穿著T恤配短褲。

面對未來的信心

一旦客戶雇用了你，或你找到想要的客戶時，你的個人商業模式就生效了。現在你已通過驗證及測試的階段，往前來到了執行階段，你的新商業模式已經起飛。做得好！

你已經走了很長的一段路。無論是否做完了本書中的所有練習，我們都希望你能繼續善用你自己的商業模式。最起碼，我們希望你面對自己的職業生涯時，所採用的方式是建立模式（modeling），而不是傳統的做規畫（planning），這樣才能找出運作的核心原則做為持續的方針。

你也許注意到了，就某種意義來說，個人的商業模式圖就像是一張「關係地圖」，從圖中可以看出「**你是誰**」與「**你做哪些事**」，以及「**你做哪些事**」與「**你如何幫助顧客**」之間的關聯。最重要的是，從個人的商業模式圖中，你可以清楚看出你跟「**你要幫的那些人**」之間的關係，以及透過你的**人生目標**，可以為更廣大的社群服務。

就像一張好地圖可以讓探險家持續使用多年，個人商業模式圖也能反覆運用，讓你不論工作或生活都能獲得成就及滿足。

第10章

接下來呢？

What's Next?

更多運用BMY
的方式

職涯轉換有時並非出於自願。當某個組織修改它的商業模式，員工通常也需要跟著調整他們的個人商業模式。我們論壇的成員馬科斯·馬琉瑞（Makis Malioris）就是一個真實例子。

馬科斯長期在一家大型國際金融服務公司擔任程式設計師和分析師的主管，
一直以來只為一個客戶服務，也就是他在雅典辦公室的上司。
然而，現在必須面對職涯轉換挑戰，
因為公司要求他同時為在希臘境外的八個新區域辦公室提供服務，
這表示他需要經常且密集的飛行出差。
馬科斯很不安，他的第一個念頭是：「我害怕搭飛機！」

這個新職位促使馬科斯重新繪製他的個人商業模式圖。雖然他欠缺跨文化的經驗，還是立刻接手了八個新的國際客戶，全都位於不同國家，工作文化、風格、道德標準各異。

以前他可以輕鬆地規畫及協調老同事的工作，但現在他必須說服新客戶採用並維護IT基礎建設資料庫（Information Technology Infrastructure Library, ITIL）流程。這需要新的關鍵活動，包括「行銷」、經常飛行、長期的旅館住宿，以及用電話和電子郵件來取代面對面的顧客關係。

這個新職位在收益上略有增加，但卻擁有巨大的專業發展利益。馬科斯說其中大部分是國際曝光度，以及成為「新流程」擁有者的機會，而不只是原先的管理者。他成功扮演了新角色，並進一步晉升到承擔更多責任的職位。

可惜的是，他的老闆受到希臘金融危機波及，只能讓馬科斯領取退職金離開公司。幸好，他從商業模式學到的方法持續協助他過得還不錯。

「個人商業模式的觀念協助我找出新角色必須符合的條件，也幫我補足模式圖上每個要素的缺口。這是一個殫精竭慮的過程，但有很高的回報。」馬科斯說：「不只如此，我現在再也不怕搭飛機了。」

正如馬科斯也表贊同的（我們在第1章也討論過），商業模式創新沒有停止的一天，無論是對組織或個人來說都如此。某個商業模式也許能用上幾年，但總有一天會被迫非改變不可。你的個人商業模式也會一再演化，就算不是因為時移境遷，也會因為你個人的經驗成長而改變。當你需要重新繪製新的商業模式圖時，我們希望這本書的觀念能再次啟發及鼓舞你。

運用個人商業模式的其他方式

教授商業及個人財務的基本原則

全球的商學院研究所課程，很多講師都是使用商業模式圖來教授策略、創業及設計。我們相信商業模式圖也適合用在大學部，讓更多人學習商業的基本原理，因為商業模式圖是一種簡明易懂的方式，可用來了解創業的各項基本元素。同樣的，我們也相信個人商業模式圖是追求個人生涯的強大工具，連中學生都能運用在個人生涯及／或基本的財務規畫上面。

職涯教練工具

我們論壇的很多成員，已經發現個人商業模式是非常有用的教練工具。本書中的很多案例就是取自他們的真實例子。

個別的諮商工具

本書第96頁提及的個人商業模式圖，是用來描述非工作方面的角色，比如另一半、朋友及父母。論壇有許多成員也成功地把商業模式圖運用在這方面，專業的諮商師也可以透過繪製和檢驗個人的商業模式圖，發展出一套供客戶使用的練習來做為諮商參考。

組織中的年度回顧或人才發展

對負責年度績效管理的人事主管而言，個人商業模式圖可以提供一個架構，用以檢視員工如何為組織提供附加價值。受到啟發的企業甚至可以延伸個人商業模式圖的用途，拿來為員工的私人生活創造出更多價值。

個人商業模式的軟體支援

以白報紙、海報、麥克筆和便利貼來繪製個人的商業模式圖，有趣又有效率，但有時候多加一點軟體支援，更能帶你到一個全新的層次。使用商業模式工具箱iPad版和網路版，可以繪製、估算、註解、分享、合作、重述及翻新你的商業模式。這些工具既能做到手繪的速度，又有試算表的精明效率。

這個工具箱也能讓使用者修改九大要素的標籤及內容，以配合個人商業模式的描述。個人商業模式圖的應用程式提供了本書提到的各種工具的電子版，幫助使用者評量自己的興趣、能力以及個性傾向（關鍵資源）。

你可以到下列網址開立免費帳戶，並在線上建立自己的個人商業模式（目前只有英文版）：www.businessmodeltoolbox.com

最後要提醒的是：所有的知識與資訊只有透過實踐才會產生價值，BMY（個人商業模式）的理念與架構能否產生結果，要靠你的身體力行。

我們相信本書中所提到的想法與案例，應該能為你帶來某種程度的省思與啟發。透過有系統的思考，去探索自己的個性、興趣、能力，發現自己的優勢可以運用在哪裡，在生活的各種角色中可以發揮什麼影響力，以及在變化快速的職場中，可以有什麼因應之道。在繪製個人商業模式圖後，你的眼界會全然不同，不管是針對職涯的展望，或是對自己人生的期許。

接下來，踏出改變的第一步才是重點。本書只是旅程的起點，看到新的觀點及可能性之後，你需要再次把自己放回真實的世界，客觀的去測試及驗證。看看該做什麼改變或調整，要如何開始，是否朝著你所期待的方向邁進，以及是否需要重新定義方向和目標。

做不一樣的事除了勇氣與毅力，也需要建立支持體系。除了尋求（或逃離）你周遭親朋好友的建議之外，你還需要導師、教練、夥伴一起分享這個歷程，以提供你持續的動能。我們也希望能從專業的角度，透過本書的帶領及真實案例，提供你一些不同程度的協助、鼓勵及支持。

有關個人商業模式的討論，一直在 **BusinessModelYou.com** 網站（也是這本書開始的地方）持續進行著。你可以考慮加入 **BusinessModelHub.com** 的論壇，這是一個領先世界、專注於組織商業模式思維的同好社群（目前只有英文版）。

附錄

本書背後的人物
以及更多相關的資源。

作者群像

**提姆・克拉克 Tim Clark，
作者**

講師、企管教授、創業家、作家。透過
BusinessModelYou.com引領及推展「個人商
業模式運動」。將一手創辦的公司轉手賣給
NASDAQ上市公司後，他專心完成了探討
國際商業模式可移動性的博士論文，並親自
寫作或編輯了五本有關創業、商業模式以及
個人發展的著作，包括國際暢銷書《獲利世
代》以及這本《一個人的獲利世代》。他往來
全球各地，在企業、大學及專業機構演講並
教學。

**亞歷山大・奧斯瓦爾德 Alexander
Osterwalder，共同作者**

創業家、講師以及國際暢銷書《獲利世代》
的主要作者。《獲利世代》的共同作者包括
伊夫・比紐赫及提姆・克拉克，還有來自
45個國家的470位參與者的無私貢獻。奧斯
瓦爾德經常在財星五百大企業演講，並擔
任華頓、史丹佛、柏克萊、IESE及IMD等
頂尖商學院的客席講師。擁有瑞士洛桑大
學的博士學位，曾協助建立策略軟體公司
Strategyzer，以及對抗愛滋與瘧疾的非營利
組織 The Constellation。

**伊夫・比紐赫 Yves Pigneur，
共同作者**

比利時那慕爾大學博士，從1984年起擔任洛
桑大學資訊管理教授，以及美國喬治亞州立
大學、香港科技大學及英屬哥倫比亞大學等
校的客座教授。資訊管理學術期刊SIM的總
編輯，並與亞歷山大・奧斯瓦爾德共同完成
暢銷書《獲利世代》。

梅根・雷禧Megan Lacey，編輯

擅長語言及推廣跑步運動，梅根是在重新規畫職涯的時候加入 Business Model You 的工作小組。在出版公司擔任幾年編輯之後，在華盛頓州立大學完成了教學碩士學位。這段期間她還完成三次超馬，並且多了個教師頭銜，在奧瑞岡州波特蘭市的語言學校擔任英文老師。

亞倫・史密斯 Alan Smith，創意總監

受過設計訓練的創業家，工作領域涵蓋電影、電視、出版、活動開發、手機應用，以及管理每天數十億資料點的網頁平台。畢業自約克大學／謝爾丹學院（York/Sheridan）聯合設計學系，參與創辦 The Movement，在多倫多、倫敦、日內瓦都設有辦公室，是國際知名的「變革推手」。他是 Strategyzer 的共同創辦人，提供實用的工具幫助企業實現成長策略。

翠西・帕帕達科斯 Trish Papadakos，設計

從翠西把蠟筆放到紙上那天起，她就立志要過一個創造視覺的人生。陸續在加拿大三個頂尖的藝術設計機構求學，又在倫敦取得設計碩士學位。其後創立「你」學院（Institute of You），為不安的專業人員提供職涯成長服務。狂熱的美食家、攝影者、旅人以及創業家，翠西多年來都與藝術家、廚師和思維領導者合作。

派翠克・范德皮爾 Patrick van der Piji，協力製作

阿姆斯特丹的國際商業模式顧問公司 Business Model Inc.的創辦人兼CEO，協助創業家、高階主管及其團隊如何運用視覺、故事軸以及其他工具或技術，設計出更好的商業模式。派翠克也是暢銷書《獲利世代》的協力製作。

《一個人的獲利模式》社群

本書是由328位來自世界各地的專業人士協力完成的，他們分別來自阿根廷、澳洲、奧地利、比利時、巴西、加拿大、智利、中國、哥倫比亞、哥斯大黎加、丹麥、愛沙尼亞、芬蘭、法國、德國、希臘、匈牙利、愛爾蘭、義大利、日本、約旦、韓國、墨西哥、紐西蘭、奈及利亞、挪威、巴拿馬、巴拉圭、波蘭、葡萄牙、羅馬尼亞、新加坡、南非、西班牙、瑞典、瑞士、捷克、荷蘭、土耳其、英國、美國、烏拉圭與委內瑞拉等國家。他們的洞見、支持，以及全球性的觀點，讓我們能夠有效地推展「一個人的獲利模式」計畫。

完整的共同創作者名單在第8-9頁。我們也要特別感謝下列人士的貢獻：

Jelle Bartels, Uta Boesch, Steve Brooks, Ernst Buise, Hank Byington, Dave Crowther, Michael Estabrook, Bob Fariss, Sean Harry, Bruce Hazen, Tania Hess, Mike Lachapelle, Vicki Lind, Fran Moga, Mark Nieuwenhuizen, Gary Percy, Marieke Post, Darcy Robles, Denise Taylor, Laurence Kuek Swee Seng, Emmanuel Simon, and James Wylie.

您可以免費加入 **BusinessModelYou.com**，參與更多討論、列印商業模式圖，探索你的獲利模式。同時也歡迎您成為 **BusinessModelHub.com** 會員，這個社群擁有來自全球超過5000名會員，共同探索各種成功的商業模式。

中文版編譯群

曹先進

美國賓州大學華頓商學院（The Wharton School）MBA、政治大學企業管理研究所碩士。策略及生涯顧問、上市公司董事、香港大學中國商業學院客席講師。

林妍希

企業人才策略顧問、「為台灣而教教育基金會」董事，曾任「DDI美商宏智國際顧問有限公司」台灣分公司總經理、亞太區首席顧問。

俞雲眉

領導力顧問、「更快樂實驗室」駐點教練。曾任遠傳電信人力資源發展協理、新世紀資通人力資源協理、太克科技亞太地區人力資源協理。

林志垚

Business Models Inc. 方略大中國區負責人、上市公司獨立董事、新創企業董事與導師、校園創新創業志工。

早安財經講堂 74

一個人的獲利模式
用這張圖，探索你未來要走的路

Business Model You
A One-Page Method for Reinventing Your Career

作　　　者──提姆・克拉克 Tim Clark
　　　　　　亞歷山大・奧斯瓦爾德 Alexander Osterwalder
　　　　　　伊夫・比紐赫 Yves Pigneur
設　　　計──亞倫・史密斯 Alan Smith & 翠西・帕帕達科斯 Trish Papadakos
編　　譯──曹先進等
美 術 設 計──copy
特 約 編 輯──莊雪珠
責 任 編 輯──沈博思、劉詢
行 銷 企 畫──楊佩珍、游荏涵

發　行　人──沈雲驄
發行人特助──戴志靜、黃靜怡
出 版 發 行──早安財經文化有限公司
　　　　　　台北市郵政 30-178 號信箱
　　　　　　早安財經網站：goodmorningpress.com
　　　　　　早安財經粉絲專頁：www.facebook.com/gmpress
　　　　　　沈雲驄說財經 podcast：linktr.ee/goodmoneytalk
　　　　　　郵撥帳號：19708033 戶名：早安財經文化有限公司
　　　　　　讀者服務專線：02-2368-6840 服務時間：週一至週五 10:00-18:00
　　　　　　24 小時傳真服務：02-2368-7115
　　　　　　讀者服務信箱：service@morningnet.com.tw

總 經 銷──大和書報圖書股份有限公司
　　　　　　電話：02-8990-2588
製 版 印 刷──中原造像股份有限公司
初 版 1 刷──2017 年 7 月
初 版 25 刷──2024 年 6 月

定　　　價──880 元（特價 599 元）
I S B N──978-986-6613-89-0（平裝）

國家圖書館出版品預行編目（CIP）資料

一個人的獲利模式：用這張圖，探索你未來要走的路 / Tim Clark, Alexander Osterwalder, Yves Pigneur 作；曹先進譯. -- 初版 . -- 臺北市：早安財經文化，2017.07　面；　公分. --（早安財經講堂；74）
譯自：Business model you : a one-page method for reinventing your career　ISBN 978-986-6613-89-0（平裝）　1. 職場成功法　2. 生涯規劃　494.35　106009626